Yurii Bondarenko
Yuliya Loginova
Karina Artyuh

Desenvolvimento de Métodos de Avaliação da Deteção de Riscos na Soldadura

Yurii Bondarenko
Yuliya Loginova
Karina Artyuh

Desenvolvimento de Métodos de Avaliação da Deteção de Riscos na Soldadura

ScienciaScripts

Imprint
Any brand names and product names mentioned in this book are subject to trademark, brand or patent protection and are trademarks or registered trademarks of their respective holders. The use of brand names, product names, common names, trade names, product descriptions etc. even without a particular marking in this work is in no way to be construed to mean that such names may be regarded as unrestricted in respect of trademark and brand protection legislation and could thus be used by anyone.

Cover image: www.ingimage.com

This book is a translation from the original published under ISBN 978-620-2-07171-0.

Publisher:
Sciencia Scripts
is a trademark of
Dodo Books Indian Ocean Ltd. and OmniScriptum S.R.L publishing group

120 High Road, East Finchley, London, N2 9ED, United Kingdom
Str. Armeneasca 28/1, office 1, Chisinau MD-2012, Republic of Moldova, Europe
Printed at: see last page
ISBN: 978-620-8-27889-2

Conteúdo

Introdução

O conhecimento dos actos normativos é, naturalmente, importante. Mas também é preciso lembrar que, quanto mais desenvolvido for o país, menor será a obrigatoriedade dos requisitos estatais no domínio da proteção do trabalho e maior será o nível de responsabilidade dos empregadores pelos danos causados à vida e à saúde do trabalhador em resultado de uma gestão de riscos insuficientemente qualificada. Se avaliarmos esta escala, então o nosso país está apenas no início do caminho. O caminho será ultrapassado por quem avançar no sector da soldadura.

O risco é o efeito da incerteza sobre o objetivo.

A influência é um desvio do esperado com consequências positivas ou negativas.

Um objetivo pode ter diferentes aspectos (financeiro, sanitário, ambiental) e pode estar relacionado com diferentes níveis (estratégico, organizacional ou de projeto, produto ou processo).

O risco é caracterizado por uma relação com potenciais eventos e consequências, ou pela associação destes pontos.

O risco é expresso na combinação das consequências dos acontecimentos (incluindo alterações das circunstâncias) e da probabilidade de incidentes a eles associados.

A incerteza é um estado, bem como uma falta parcial de informação relativamente à compreensão ou ao conhecimento do acontecimento, das suas consequências ou da sua probabilidade.

A gestão de riscos é um esforço coordenado para dirigir e controlar a organização em relação aos riscos.

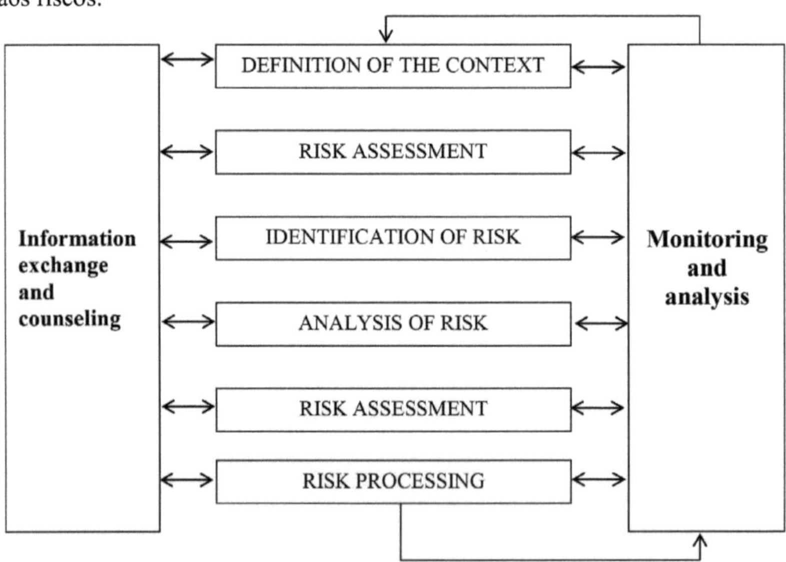

Fig. 1. O processo de gestão do risco.

Base jurídica para a aplicação da avaliação de riscos para garantir a eficácia do funcionamento dos sistemas de proteção do trabalho (SPT).

"A perspetiva de desenvolvimento do LPS nas empresas ucranianas com a reforma do sistema de gestão da segurança no trabalho com base nos princípios de gestão dos riscos profissionais e de produção.

A introdução gradual de sistemas de gestão de riscos no trabalho basear-se-á na identificação dos riscos de acidentes durante os processos de produção, na sua avaliação e na adoção de medidas para minimizar esses riscos pelos próprios empregadores. Como mostra a experiência internacional, a capacidade de gerir os riscos profissionais é um instrumento eficaz para garantir o nível adequado de segurança da produção e, para as empresas tecnologicamente avançadas, é uma necessidade vital. (Fig. 1).

O perigo é uma fonte, situação ou ação que pode prejudicar uma pessoa sob a forma de trauma ou deterioração da saúde ou uma combinação destes (OHSAS 18001: 2007, parágrafo 3.6).

A fonte de perigo é um objeto ou uma situação que representa um perigo potencial para a saúde humana, o processo de produção ou a propriedade.

A identificação de perigos é a definição da lista de perigos existentes no local de trabalho ou inerentes ao processo de produção, ao trabalho efectuado.

O processo de reconhecimento da existência do perigo, bem como a definição das suas caraterísticas. OHSAS 18001: 2007 cláusula 3.7

O risco é a combinação da probabilidade e das consequências de um incidente potencialmente possível no local de trabalho.

A avaliação de riscos é o processo de determinar a magnitude dos riscos e decidir se um determinado risco é aceitável ou inaceitável.

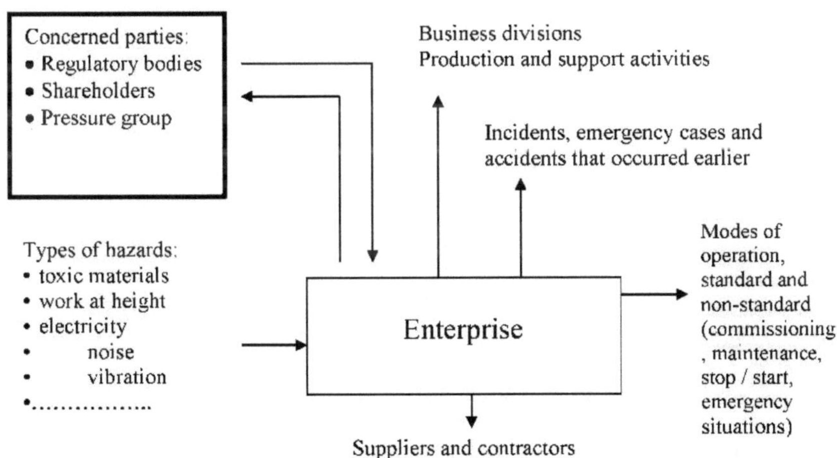

Fig. 2. Fornecedores e contratantes.

Árvore de fracassos

> Identificar as várias combinações possíveis de situações que conduzem a um acontecimento indesejado (recusa).

> Representação gráfica de combinações de diferentes situações.

Exemplo de "árvore de falhas/acontecimentos"

Initiating event	The beginning of the fire	Spray system works	Automatic fire alarm is switched on	The resultant event	Frequency (per year)
Explosion 10^{-2} per year	Yes 0,8	Yes 0,99	Yes 0,999	Controlled fire with alarm	**$7{,}9x10^{-3}$**
			No 0,001	Controlled fire without alarm	**$7{,}9x10^{-6}$**
		No 0,01	Yes 0,999	Uncontrolled fire with alarm	**$8{,}0x10^{-5}$**
			Hi 0,001	Uncontrolled fire without alarm	**$8{,}0x10^{-8}$**
	No 0,2			There is no fire	**$2{,}0x10^{-3}$**

IEC 2064/09

Eficácia das medidas de redução dos riscos

$$E = \frac{K}{\Delta R}$$

onde:

E - a eficácia da redução do risco
K - custo das acções preventivas
ΔR - o valor da redução do risco

$$AR = R_w - R_K$$

onde:

AR - o valor da redução do risco

RK - o valor total do risco residual

Rw - o valor total do risco subjacente

1. MÉTODO DAS FUNÇÕES VERBAIS

A essência desta abordagem é que, para cada significado quantitativo da probabilidade de uma ação ofensiva, a descrição verbal de uma situação bem definida é posta em conformidade (Quadro 2). Ao mesmo tempo, cada descrição de uma ou outra probabilidade deve ser guiada por um certo número de regras.

Determination of probability	Probability	Condition for the event
Extremely small	0,1	1. Structural measures that make the manifestation of dangerous production factor (DPF) impossible. 2. Theoretically, a possible manifestation of DPF due to a highly unlikely accident or breakdown of equipment. 3. There is no information about relevant accidents or breakdowns and related accidents in the
Very small	0,2	1. Possible manifestations of DPF, but the constructive measures taken to exclude the impact of DPF on the employee, including the intention of the employee. 2. It is known that other accidents occurred in other
....	....	....

1. Qualquer situação que não corresponda a esta descrição corresponde a outra descrição.
2. Nenhuma situação real ou virtual pode corresponder simultaneamente a duas ou mais descrições.
3. A formulação de uma determinada condição para a ocorrência de uma situação perigosa deve estar relacionada com uma determinada medida de proteção, que deve ser prevista para a eliminação completa dessa condição.
4. Ao aplicar uma medida de proteção associada a um elemento da descrição (como resultado da eliminação de uma das condições do acontecimento), a situação passa para um nível superior (a probabilidade de ocorrência do acontecimento diminui).

Neste caso, a melhoria da conceção (propriedades de proteção) do equipamento (desde a "impossibilidade do impacto do DPF no trabalhador" sob a possibilidade atual da sua manifestação até à plena "não iluminação da manifestação do DPF" no ambiente) reduz a probabilidade de exposição de 0,2 para 0,1.

É evidente que uma mesma situação pode conduzir a finais diferentes: desde ferimentos ligeiros até à morte (não se tem em conta o caso "sem acidente"). Para não ficar demasiado confuso com as opções possíveis, pode utilizar a abordagem utilizada para avaliar os riscos associados à exploração de instalações de produção perigosas, ou seja, ter em conta apenas dois resultados: o mais provável e o mais favorável. Os riscos são avaliados para cada resultado. É dada atenção ao maior risco. Se ambas as medidas de proteção devem ser tomadas para reduzir ambos os riscos, então ambos os riscos devem ser tidos em conta.

A caraterística distintiva da abordagem proposta é o seu expressivo proactivismo (concentração no controlo da situação para atingir o objetivo). Neste caso, o risco é estimado sem ter em conta a frequência do acontecimento pretendido. A essência da abordagem é a seguinte: se a exclusão de um final desfavorável não é garantida, então este final ocorrerá mais cedo ou mais tarde, mas necessariamente. A única tarefa consiste em estimar o montante dos danos potenciais causados pelos finais não completamente eliminados. A probabilidade estimada de ocorrência de um evento denota efetivamente a magnitude do inverso do intervalo de tempo que pode ser programado para a utilização de medidas de gestão do risco.

É claro que a avaliação não é um risco exatamente de acordo com a definição. Além disso, pode argumentar-se que esta avaliação será deliberadamente sobrestimada, e a exclusão completa do risco só pode ser alcançada eliminando a fonte de risco na indústria da soldadura.

2. MÉTODOS DE AVALIAÇÃO DOS RISCOS NO ÂMBITO DA AVALIAÇÃO DA APLICAÇÃO DOS REQUISITOS DE SEGURANÇA

Esta abordagem baseia-se no pressuposto da possibilidade de contabilizar todos (ou a maioria) dos riscos nos regulamentos gerais sobre segurança no trabalho, segurança industrial e segurança contra incêndios (estatais, industriais, locais). Além disso, parte-se do princípio de que o cumprimento de todos os requisitos de segurança estabelecidos garante que não existe qualquer risco no local de trabalho na instalação de estruturas soldadas.

É óbvio que esta última afirmação é falsa, uma vez que, de acordo com a axiomática da segurança da vida, o risco associado ao objeto ou à atividade não pode ser completamente eliminado sem a eliminação do próprio objeto ou a cessação da atividade. No entanto, nas primeiras fases de um trabalho orientado para a melhoria das condições de trabalho, este pressuposto pode ser considerado aceitável ("O objetivo final é nada, movimento - tudo." J. Bernstein).

3. MÉTODO DE AVALIAÇÃO DOS RISCOS COM BASE NO SISTEMA ELMERY

Um dos métodos indirectos de quantificação dos riscos industriais é o método de Elmer. O sistema de Elmer foi desenvolvido pelo Instituto Finlandês de Saúde Ocupacional e pelo Ministério da Saúde e Segurança do Ministério da Saúde finlandês. No sistema Elmer, o nível de risco numa unidade e numa empresa é estimado pelo chamado índice de segurança (índice Elmer):

$$\text{Índice de Elmer} = \frac{\text{pontos "bons"}}{\text{pontos "bons"} + \text{pontos "maus"}} \times 100\%$$

O índice define uma percentagem que pode variar entre 0 e 100. Por exemplo, o resultado de 60% indica que 60 em 100 cumprem os requisitos.

A desvantagem do sistema de Elmer é que todos os factores que afectam a segurança no trabalho são considerados equivalentes. Por exemplo, uma bola no mealheiro levará ao não cumprimento da falta de vedações quando se trabalha em altura e à largura insuficiente da passagem para a instalação, ao trabalho numa máquina de moagem com óculos defeituosos e à violação da coloração do sinal no botão "Stop".

Distorce, em certa medida, a imagem real dos riscos na empresa e não permite planear medidas de segurança no trabalho tendo em conta a importância dos riscos e a prioridade das medidas de proteção no fabrico e instalação de estruturas soldadas.

4. MÉTODOS QUANTITATIVOS DE AVALIAÇÃO DOS RISCOS

Os métodos quantitativos de avaliação do risco podem ser diretos e indirectos. Os métodos diretos de avaliação do risco incluem a identificação de perigos potenciais, a avaliação da probabilidade de implementação de cada perigo em diferentes variantes P * e a gravidade prevista das consequências da implementação de cada uma das opções C *:

$$R^* = \sum_{i=1}^{N} P_i^* \cdot C_i^*,$$

sendo R * - o risco de dano associado à possível implementação da terceira opção para um dos perigos identificados. Estes cálculos devem ser efectuados para cada um dos perigos identificados em cada local de trabalho. O problema não é apenas o facto de ser praticamente impossível estimar com uma precisão aceitável a probabilidade de ocorrência de acontecimentos tão pouco frequentes do ponto de vista estatístico como os acidentes no local de trabalho. Além disso, é necessário calcular a probabilidade de ocorrência de uma das opções para a implementação de cada perigo. Ao mesmo tempo, é possível estimar os danos materiais diretos para a entidade patronal e para o trabalhador em resultado de um determinado final. Por exemplo, quando um pintor está a trabalhar num andaime, é possível que caia. Qual é a probabilidade? Qual é a probabilidade de uma queda em que o pintor desloca a mão (um pequeno dano), e com que parte a perna (grande dano)? Qual é a probabilidade de um trabalhador resultar na queda da queda? Os valores da probabilidade variam de piso para piso ...

5. MÉTODO DE AVALIAÇÃO DOS RISCOS COM BASE NA MATRIZ "IMUNIDADE - PERDAS"

A possibilidade de quantificação direta do risco sem o cálculo direto das probabilidades dos acontecimentos é concretizada no conhecido método de avaliação do risco baseado na matriz probabilidade-perda.

A essência do método reside no facto de o perito determinar, para cada situação, o grau de probabilidade do seu aparecimento (por exemplo: baixa, média ou alta probabilidade) e um dano potencial correspondente a esta situação (por exemplo: pequeno, médio, grande). E Iri, essa magnitude do risco pode ser representada em termos quantitativos (Tabela 1).

Quadro 1. Determinação da magnitude do risco/

Great damage (1.0)	0,3	0,7	1
Average damage (0,7)	0,2	0,5	0,7
Small damage (0,3)	0,1	0,2	0,3
	Low probability (0,3)	Average probability (0,7)	High probability (1.0)

Este método é mais frequentemente utilizado nos países desenvolvidos devido à sua simplicidade. Além disso, uma vez que na maioria dos países desenvolvidos, a avaliação dos riscos no local de trabalho é uma obrigação legal do empregador, a utilização de um método tão simples permite-lhe cumprir o requisito regulamentar estatal de proteção do trabalho ao mais baixo custo. A desvantagem óbvia deste método é a sua absoluta subjetividade. É evidente que diferentes peritos avaliarão a mesma situação de formas diferentes, com base na sua experiência pessoal.

Apesar disso, a utilização do sistema Elmeri permite planear as medidas de segurança no trabalho não apenas para o objetivo, mas para o objetivo específico: eliminar a discrepância identificada. A formação de pontos de vista progressivos sobre o planeamento orientado das actividades no domínio da segurança no trabalho é uma das condições mais importantes para a introdução de um sistema moderno de gestão da proteção do trabalho na indústria de soldadura.

Assim, o sistema Elmer é o método indireto mais fácil de avaliação quantitativa dos riscos, que não se aplica aos processos de deteção e identificação dos perigos reais no local de trabalho. Neste sentido, a entidade patronal não pode, por exemplo, informar o trabalhador dos riscos existentes no seu local de trabalho para a saúde e para a vida, podendo apenas informá-lo de quais os requisitos de proteção do trabalho no seu local de trabalho que são cumpridos e quais os que não são.

6. MÉTODO DE AVALIAÇÃO EQUILIBRADA DOS RISCOS

A avaliação dos riscos é efectuada de acordo com a fórmula:

$$R = S \times E \times P, \qquad (1)$$

onde:

R - risco;

S - gravidade das consequências do perigo potencial;

E - propensão para influenciar o perigo;

P - probabilidade de perigo.

Para cada tipo de perigo, avaliações da gravidade das consequências, da propensão para influenciar o perigo e da probabilidade da sua ocorrência para as tabelas. 3, 4 e 5.

Calculado pela fórmula (1), o valor do risco para este perigo é comparado com os valores indicados no Quadro. 6, e é-lhe atribuída a categoria adequada.

Se um determinado risco R for inferior ou igual a 2000, então é considerado aceitável e não estão a ser desenvolvidas medidas.

No caso de exceder o valor de risco de R 2000, o grupo de trabalho está a desenvolver medidas para o reduzir.

No caso de se exceder o valor de risco de R 4000, o grupo de trabalho está a desenvolver medidas para o reduzir, que são de importância primordial.

Um exemplo de identificação de perigos e avaliação de riscos

Unidade: oficina de estruturas soldadas

Secção: soldadura

Processo: produção de estruturas soldadas

Operação (tipo de trabalho): soldadura

Profissão: soldador

1. Identificar os perigos

Perigos existentes no local de trabalho (de acordo com o Quadro 3):

- => aumento da temperatura dos produtos de fusão e do ar;
- => poeira, aerossol;
- => gás ou fumo;
- => aumento do brilho da luz.

2. Avaliar o risco subjacente

Um exemplo de avaliação de risco de acordo com o tipo de perigo "temperatura elevada dos produtos da fusão" durante o funcionamento normal (H).

Determinação da gravidade das consequências dos perigos potenciais S

Possíveis consequências para a tabl. 3: morte de um ou ferimentos em dois ou mais trabalhadores, o valor de S em pontos - 25.

S = 25

Quadro 2. Gravidade das consequências de um perigo potencial

Size S	Types of importance	Characteristics of the severity of the consequences
100	Accident of the first category	Death of five or more or injuries of ten or more workers
50	Accident of the second category	Death of five or more or injuries of ten or more workers
25	Incident	Death of one or injuries of two or more
10	Incident	Injury of one employee with severe consequences (possible disability,
5	Incident	Injury of one worker with temporary
1	Worsening health	First Aid

Tabela 3. Propensão para influenciar o perigo

Size E	Characteristic of inclination
20	Constant inclination to danger - 100% of working time
10	Frequent (daily)
6	Forced (once a week)
5	Uncommon (once every ten days)
4	Random (once a month)
3	Short-term (up to one hour per day)
2	Minimum (several times a year)
1	Isolated (once a year and less often)

Tabela 4. Probabilidade de perigo

Size P	Characteristics of danger
100	Very likely (occurs in> 50% of cases)
40	Average probability (10-50%)
20	Probable (1-10%)
10	Unlikely (0.1-1%)
5	Probably possible
2	Virtually impossible
1	Only possible theoretically

Quadro 5. Riscos

Size R	Risk level
R < 2000	Acceptable (A)
R > 2000	Unacceptable (UA)
R > 4000	Unacceptable high risk (UH)

Determinação da propensão para influenciar o perigo E

Duração da exposição (de acordo com o quadro 4): frequente (diária), E em pontos - 10.

$$E = 10$$

Determinação da probabilidade de perigo P

Para a tabl. 5 estimamos a probabilidade de ocorrência de perigo como "provável": sob a condição de um curso normal do processo tecnológico, a situação é possível com a queda do trabalhador, o spray de ferro fundido sobre ele, etc. O valor de P em bolas é 20.

$$P = 20.$$

Calculamos o risco através da fórmula (1):

$$R = S \times E \times P = 25 \times 10 \times 20 = 5000.$$

O valor de risco R obtido é comparado com o valor de R da Tabela. 6, e concluímos que o dia desta operação é de "risco inaceitavelmente elevado".

Para o "risco inaceitavelmente elevado", tal como para o "risco inaceitável", estão a ser desenvolvidas medidas para reduzir o risco. Estas medidas podem ser de carácter técnico e/ou organizacional e devem ser concebidas tendo em conta a possibilidade de redução:

- => a gravidade das consequências de um perigo potencial;
- =>probabilidade de perigo;
- =>duração da exposição ao perigo.

Estamos a desenvolver medidas para reduzir o nível deste risco.

1. Em caso de reparação da primeira categoria, fornecer uma cobertura para o estaleiro de fundição.
2. Gestores, profissionais, especialistas e empregados durante a libertação do ferro fundido para controlar a utilização de uniformes, equipamento de proteção pessoal e o cumprimento dos requisitos das instruções tecnológicas e instruções sobre proteção do trabalho.
3. Colocar na oficina o fabrico de chapas soldadas com sinais de aviso.

As medidas desenvolvidas 1-3 são de carácter preventivo e reduzem a probabilidade do perigo de "queimadura térmica" para o valor de P * = 5 ("provável possível").

Calculamos o risco tendo em conta as medidas desenvolvidas com a proteção do trabalho:

$$R = S \times E \times P = 25 \times 10 \times 20 = 5000.$$

O valor de risco R* obtido é comparado com o valor de R da Tabela. 6 e conclui-se que para esta operação, sujeita ao controlo da implementação das medidas e tecnologias desenvolvidas, o risco é "aceitável".

Preencher o Registo de Identificação e Avaliação de Riscos da Unidade.

Os resultados da avaliação dos riscos efectuada em todos os locais de trabalho são inscritos no registo de identificação e de avaliação dos riscos, sendo posteriormente discutidos na equipa de trabalho do local. As actas do workshop são redigidas de forma arbitrária e anexadas ao Registo de Identificação e Avaliação de Riscos.

Na presença de informações do grupo de trabalho sobre fontes de perigo não registadas, o registo de identificação e avaliação dos riscos é completado.

O Registo de Identificação de Perigos e Avaliação de Riscos é elaborado em dois exemplares idênticos e assinado pelo chefe da unidade estrutural (loja).

O registo da identificação dos perigos e da avaliação dos riscos é fornecido em formato eletrónico e em papel no SOP para verificar a exaustividade da identificação dos perigos e a correção da avaliação dos riscos.

Exemplo de preenchimento da Identificação de Perigos e Avaliação de Riscos

REGISTER of unacceptable risks ____________________
(structural unit)

Enterprise. OJSC "SSSSS"
Structural subdivision. welding shop
Section: welding
Process production of welded structures
The composition of the working group:

Head of the structural unit ____________________ (name, surname)
Date: ____________________ (signature)
Agreed: ____________________
(leader of the working group, signature, date)

№	Operation	Profession	Source	Danger	Condition of occurrence	Consequences of dangers	Basic risk				Risk category	Risk management measures are needed	Risk after implementation of measures to manage it				Risk category
							S	E	P	R			S*	E*	P*	R*	
1	2	3	4	5	6	7	8	9	10	11	12	13	14	15	16	17	18
1	Output of constructions	Welder	Welding materials	Increased or lowered temperature of welding materials	H	Burns	25	10	20	5000	HB	1. In case of a repair of the first category to provide a cover casting yard. 2. Managers, professionals, specialists and employees during the release of structures to control the use of welders overalls. PPE and compliance with the requirements of WPS - technological instructions and instructions on labor protection. 3. Place in the shop a welding plate with warning signs.	25	10	5	1250	П

Nota: O registo de riscos inaceitáveis é efectuado com base na identificação de perigos e na avaliação de riscos na indústria da soldadura. Deve incluir riscos inaceitavelmente elevados e inaceitáveis (de acordo com a avaliação).

A avaliação e a gestão dos riscos é, sem dúvida, um processo mais complexo do que o simples cumprimento dos requisitos estabelecidos, mesmo que sejam "públicos", mesmo "escritos com sangue". Atualmente, discute-se muito se as normas SASB, as regras e os regulamentos normalizados de segurança no trabalho, os códigos e regulamentos de construção e outros regulamentos que contêm requisitos estatutários estatais para a segurança no trabalho são obrigatórios. Isso não é importante para a gestão de riscos. É importante que contenham orientações sobre possíveis perigos e métodos de gestão de riscos na gestão da soldadura.

A transição da execução irreflectida de direcções para uma gestão de riscos significativa exige uma visão do mundo muito complexa. Este ponto de viragem na mente dos especialistas e dos líderes é uma transição semelhante à da consciência do escravo para a consciência de uma pessoa livre. Uma maior vontade implica um maior grau de responsabilidade. A vontade é a de formar constantemente o pessoal.

CAPÍTULO 1

ANÁLISE E INVESTIGAÇÃO DE ABORDAGENS E MÉTODOS EXISTENTES DE DETECÇÃO E GESTÃO DE RISCOS NA EMPRESA DE FABRICO DE SOLDADURA, QUE PRODUZ E FAZ A INSTALAÇÃO DE CONSTRUÇÕES

Hoje em dia, quando todos os continentes foram afectados pela crise, a qualidade está a tornar-se especialmente exigente. Neste sentido, o papel das Organizações Nacionais da Qualidade, de cuja atividade e profissionalismo depende o desenvolvimento de movimentos nacionais para a qualidade e, consequentemente, o estatuto socioeconómico dos países. Isto determina a relevância do seu apoio por parte das instituições governamentais.

Queremos salientar, em especial, o importante trabalho realizado na Ucrânia, bem como na região da Europa Central e Oriental (CEE), pela Associação Ucraniana da Qualidade (UAQ).

Tendo em conta a urgência especial do problema de assegurar a competitividade das organizações e da economia da Ucrânia na via do desenvolvimento europeu moderno, em 2016, a UAQ realizou uma Conferência Científica e Prática com base na Universidade Económica Nacional de Vadym Hetman Kyiv.

Cerca de 200 representantes de associações públicas de toda a Ucrânia, dirigentes e especialistas de empresas e organizações, cientistas, professores e estudantes de instituições de ensino superior, meios de comunicação social participaram nos trabalhos da conferência, que se realizou no âmbito do 25º Fórum Internacional "Dias da Qualidade em Kiev" e foi dedicada ao Dia Mundial da Qualidade. ,.

A fim de acelerar a transformação das empresas, organizações e instituições nacionais em empresas orientadas para a sociedade, garantindo a sua perfeição e competitividade, bem como a criação de condições para um aumento significativo da competitividade da economia ucraniana no seu conjunto, foram realizadas três sessões com base na conferência:

- A via europeia de desenvolvimento da Ucrânia: situação, problemas e perspectivas;
- melhoria dos sistemas de gestão com base em conceitos modernos de perfeição;
- melhoria dos sistemas de gestão com base em normas internacionais.

Após terem ouvido e debatido as informações, que foram destacadas em 16 relatórios, os participantes da Conferência registaram

1. A situação da economia ucraniana é extremamente insatisfatória e continua a deteriorar-se.
2. A situação é agravada pelo facto de, com o atual desenvolvimento da ciência e da tecnologia mundiais, a habitual competição por bens (serviços) estar a perder peso; em vez disso, a competição entre modelos e sistemas de controlo (gestão) torna-se cada vez mais tensa. A 4ª revolução industrial está a ganhar força, o que pode ter consequências desastrosas para a economia ucraniana.
3. Devido a decisões erradas no domínio da qualidade, da perfeição empresarial e da competitividade, que estão consagradas numa série de documentos normativos estatais (principalmente no conceito de política estatal no domínio da gestão da qualidade dos produtos), as empresas e a sociedade ucranianas no seu conjunto estão desorientadas. Esta situação reflectiu-se nos programas curriculares das universidades, o que levou a uma ausência total de formação perfeita de especialistas em gestão.
4. Um governo centrado principalmente nos produtos e na assistência externa, organiza

no país uma certa luta contra a corrupção, a desregulamentação das empresas, a harmonização dos regulamentos e normas nacionais com as normas europeias, mas não presta atenção à correção da situação acima referida em termos de qualidade e perfeição empresarial e não promove os empresários nacionais na melhoria dos fundamentos das abordagens modernas e das melhores práticas no domínio da gestão de sistemas. E isto apesar do facto de todos os países - líderes mundiais na fase de transformação industrial - terem prestado uma atenção significativa à formação dos seus empresários nas melhores práticas, em particular na gestão eficaz.

5. Perante a incompreensão da esmagadora maioria dos funcionários e empresários nacionais sobre o que é necessário fazer para ter a oportunidade de garantir a competitividade das empresas e da economia ucranianas no mercado global saturado, os próprios investimentos e empréstimos, a harmonização dos regulamentos e normas técnicas nacionais com os europeus e a desregulamentação das empresas não nos ajudarão. .

Os participantes na conferência decidiram:

1. Tendo em conta a importância fundamental, a complexidade e a natureza sistémica do problema identificado para garantir a competitividade das empresas e da economia ucranianas num mercado global rico, e tendo em conta a rápida propagação das consequências da quarta revolução industrial, recomenda-se:

- fazer, o mais rapidamente possível, da excelência empresarial uma prioridade no trabalho e iniciar pessoalmente medidas urgentes destinadas a melhorar substancialmente a qualidade da administração pública, utilizando, em especial, a experiência em matéria de gestão de sistemas e a correspondente elaboração da estratégia de reforma da administração pública;

a) desenvolver e adotar o conceito de política estatal no domínio da gestão de sistemas, proporcionando às empresas nacionais um apoio ativo por parte das autoridades para melhorar os princípios das abordagens modernas e das melhores práticas;

b) desenvolver e adotar o conceito de política estatal no domínio da qualidade dos produtos (obras, serviços), incluindo uma linha de atividade como: normalização, regulamentação técnica, apoio metrológico, supervisão do mercado, etc;

- confiar ao Ministério da Educação da Ucrânia a tarefa de garantir que as "distorções" sejam corrigidas na formação de especialistas em qualidade e gestão de sistemas e facilitar uma ampla reconversão do pessoal (em primeiro lugar, funcionários governamentais de alto nível);

- fornecer uma análise e uma atualização adequada da estratégia de desenvolvimento sustentável da Ucrânia-2020, tendo em conta a necessidade de melhorar significativamente as actividades das entidades empresariais e das instituições estatais.

A análise mostrou que o estudo dos riscos na fase de conceção do projeto, como a avaliação dos riscos e do desempenho (HAZOP), permite identificar os aspectos de segurança e ambientais que podem causar um atraso no projeto ou custos adicionais. Consequentemente, muitos clientes estão interessados na avaliação de riscos em fases anteriores do desenvolvimento, de modo a que esses riscos possam ser reduzidos ou totalmente eliminados.

Está estabelecido que o estudo HAZID é uma ferramenta de reconhecimento de riscos utilizada nas fases iniciais do projeto, imediatamente após a criação de desenhos, o cálculo do balanço de materiais e a preparação do esquema de parcelas. Também estão disponíveis informações sobre infra-estruturas, condições climatéricas e dados geotécnicos, uma vez que estes aspectos são fontes potenciais de riscos externos.

Este método é uma ferramenta de desenho de esboço e destina-se a ajudar na organização dos aspectos de HSE que podem ser melhorados através do projeto. A técnica de brainstorming sistemático envolve normalmente as disciplinas técnicas do dono da obra e do pessoal do cliente, a gestão do projeto, o comissionamento e a própria operação. Os dados importantes e as classificações de risco obtidas ajudam a cumprir os requisitos de HSE e fazem parte do Registo de Riscos, cuja disponibilidade é exigida por muitas autoridades de licenciamento.

Um estudo HAZID organizado permite-lhe identificar corretamente os riscos e as precauções nas fases iniciais do desenvolvimento do projeto. Os resultados de tais estudos ajudarão a garantir que:

- Os riscos no domínio da saúde e segurança no trabalho são detectados numa fase inicial do projeto, sem que seja necessário incorrer em custos significativos;
- Os riscos são indicados e são tomadas medidas para a sua eliminação, redução ou, no mínimo, são tidos em conta durante o desenvolvimento;
- As actividades de gestão do risco estão sujeitas a análise por parte da direção e das inspecções estatais;
- A rescisão e a violação dos termos de desenvolvimento e construção são suprimidas.

Ao mesmo tempo, foi minimizada a quantidade de riscos não identificados que poderiam surgir durante a entrada em funcionamento e a subsequente exploração de produtos na indústria da soldadura.

Regulamentos técnicos para a produção de soldadura, desenvolvidos com base em actos da legislação europeia:

1. Resolução do Conselho de Ministros da Ucrânia, de 27 de agosto de 2008, n.º 748 "Sobre a aprovação do regulamento técnico para caldeiras de aquecimento de água que funcionam com combustíveis líquidos ou gasosos".
2. Resolução do Conselho de Ministros da Ucrânia, de 5 de novembro de 2008, n.º 967 "Sobre a aprovação do regulamento técnico para equipamentos móveis que funcionam sob pressão".
3. Resolução do Conselho de Ministros da Ucrânia, de 25 de março de 2009, n.º 268 "Sobre a aprovação do regulamento técnico relativo à segurança dos recipientes sob pressão simples".
4. Resolução do Conselho de Ministros da Ucrânia, de 19 de janeiro de 2011, n.º 35 "Sobre a aprovação do regulamento técnico relativo à segurança dos equipamentos sob pressão".
5. Resolução do Conselho de Ministros da Ucrânia, de 22 de abril de 2009, n.º 465 "Sobre a aprovação das regras técnicas para os elevadores".

A Norma Internacional ISO 4063 foi desenvolvida pelo Comité Técnico ISO / TC 44 "Soldadura e Processos Relacionados", subcomité PC 7 "Termos e Definições".

A quarta edição da ISO 4063: 2009 aboliu e substituiu a terceira edição (ISO 4063: 1998), que foi objeto de revisão técnica.

Como resultado da revisão da ISO 4063: 2009, a lista de processos de soldadura foi actualizada, tendo sido eliminadas as designações condicionais extra e obsoletas dos processos incluídos na ISO 4063: 1998. No entanto, para conveniência do utilizador, os símbolos obsoletos foram guardados. É apresentada a notação comum para soldadura e processos relacionados. A norma é harmonizada na Ucrânia - DSTU ISO 4063: 2014 "Soldadura e processos relacionados. Lista e condições para a designação de processos". O processo geral de análise e avaliação de riscos - (ver Figura 1).

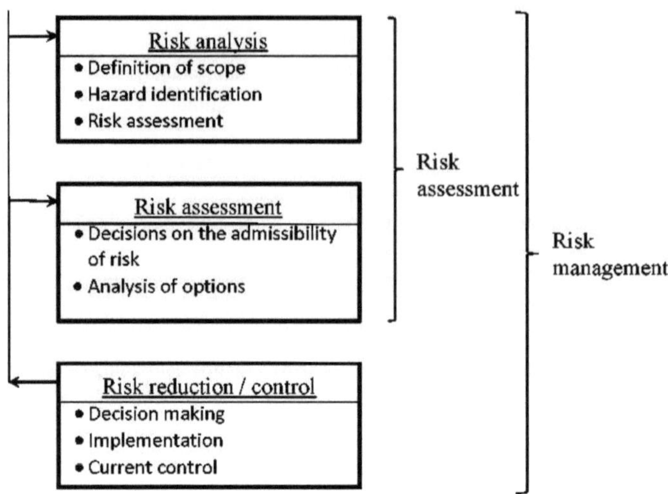

Fig. 1 - A relação entre a análise de risco e outras actividades de gestão de risco.

A avaliação do risco inclui a análise da frequência e a análise do impacto. Apesar de na Fig. 2 a documentação estar representada como um bloco separado, é desenvolvida em cada fase do processo. Dependendo do âmbito de aplicação, são considerados apenas alguns elementos do processo apresentado. Por exemplo, nalguns casos, pode não ser necessário ir além da análise inicial dos perigos e das consequências.

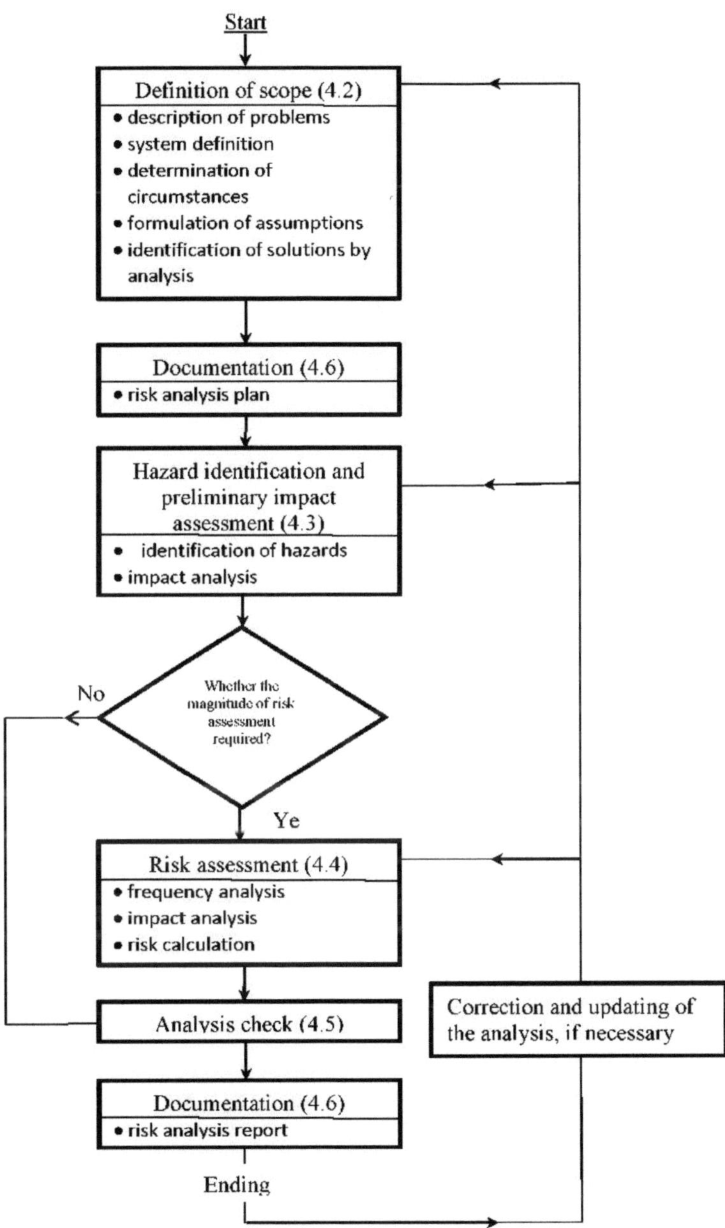

Fig. 2 - Processos de Análise de Risco.

CONCLUSÕES.

1. A fim de gerir os riscos, é necessário introduzir regulamentos técnicos em conformidade com a lei da Ucrânia "sobre normalização".

2. A introdução da nova edição da norma DSTU ISO 4063: 2014 ajudará a introduzir rapidamente um sistema de gestão de riscos.

Fig. 1-5. Inspeção de estruturas soldadas por um grupo de auditores na empresa.

CAPÍTULO 2

DESENVOLVIMENTO DE MÉTODOS DE AVALIAÇÃO DA DETECÇÃO DE RISCOS NA INDÚSTRIA DA SOLDADURA. A CRIAÇÃO DO REGISTO E A CLASSIFICAÇÃO DOS RISCOS EM ESTRUTURAS SOLDADAS UTILIZANDO A NDT

A indústria mundial moderna emprega mais de uma centena de empresas especializadas no fabrico de produtos para soldadura e construção. A maior parte das empresas que fabricam equipamentos e materiais de soldadura consideram oportuno diversificar a sua produção e não se limitam apenas à produção de soldadura, orientando parte dos recursos para a produção de produtos relacionados e, por vezes, nem sequer associados à soldadura. Muitas vezes, a produção de soldadura propriamente dita torna-se uma unidade de produção "não essencial".

Esta afetação de fundos a diferentes tarefas de produção permite às empresas protegerem-se das flutuações da procura de toda a gama de produtos diversificados das suas divisões, incluindo a proteção contra a volatilidade da procura de produtos para soldadura.

Numa economia mundial globalizada e com o aumento da concorrência internacional e nacional, uma tarefa muito importante para qualquer empresa é aumentar a competitividade: possuir uma forte posição competitiva. Este é um fator crucial que pode levar a empresa ao sucesso. Por isso, hoje em dia, dá-se atenção aos responsáveis pelas ferramentas de marketing, gestão da qualidade e informação empresarial. Uma dessas ferramentas é a inteligência competitiva e os diagnósticos, que minimizam os custos de tempo, melhoram a eficiência e a qualidade do trabalho dos serviços individuais e da empresa como um todo e, em última análise, proporcionam à empresa uma vantagem competitiva e reduzem o risco de exploração de estruturas soldadas e END. (Figura 2-12)

O objetivo desta análise é desenvolver recomendações práticas para a utilização das ferramentas do SGQ na inteligência competitiva e no diagnóstico da empresa para melhorar a competitividade, a eficiência e a estabilidade estratégica, incluindo a nova ISO 9001:2015, BS 65000:2014 [1].

Estas tecnologias foram concebidas para aqueles que compreendem a importância de melhorar a competitividade da empresa atualmente. A análise foi concebida para os proprietários de empresas e os trabalhadores interessados no desenvolvimento da engenharia na Ucrânia e para aqueles que pretendem conhecer as principais vantagens da utilização do sistema de gestão empresarial para a produção de soldadura e a sua viabilidade.

Em primeiro lugar, a produção de soldadura deve preocupar-se não com a simplificação e a redução do custo da sua produção, mas com a necessidade de tornar o equipamento e a construção o mais simples possível de utilizar e de disponibilizar para venda pelo preço e pelo aumento do comércio nos armazéns dos seus centros de distribuição. (Figura 2-14)

A nova estrutura da ISO 9001: 2015 é desenvolvida em conformidade com o anexo SL da diretiva ISO/IEC Directives, Parte 1. "Consolidated ISO Supplement 2013" (anteriormente ISO Guide 83) chamado "estrutura de alto nível", - unificado para todas as normas que estabelecem requisitos para o sistema de gestão de diferentes aspectos (ambiental, segurança da informação, etc.) [2.3].

A "estrutura de alto nível" exige que o conteúdo da norma se enquadre em dez secções:

1. Âmbito de aplicação;
2. Referências normativas;

3. Os termos e as definições:
4. O contexto da organização;
5. Liderança;
6. Planeamento;
7. Os meios de apoio ("processos de apoio");
8. A operação ("atividade principal");
9. Os resultados da avaliação;
10. Melhoria.

A "estrutura de alto nível" inclui um ciclo de gestão fechado, pelo que os peritos da ISO / TC176 recompuseram a versão atual da ISO 9001:2008 na nova estrutura.

A nova versão da norma foi publicada em 2015.

Considere as dez secções da estrutura da norma ISO 9001:2015.

1. Âmbito de aplicação

Quase repetindo o cap. 1.1 "Disposições Gerais" da atual ISO 9001:2008.

2. Referências normativas

A norma refere-se à ISO 9000.

3. Termos e definições

Para rever a norma, há vários termos definidos na ISO 9000:2005, mas há outros novos, como "externalização", "riscos".

4. Contexto da organização

Compreender a organização, incluindo as necessidades de investigação e as expectativas das partes interessadas (e não apenas dos consumidores), é fundamental para o apoio ao negócio. A organização deve identificar questões internas e externas relevantes para o seu objetivo e direção estratégica. (Figura 2-15)

A prática demonstrou que, em muitos casos, a direção da empresa entendeu a norma como uma espécie de ramo adicional do sistema de gestão à implementação formal do sistema de gestão da qualidade e à falta de diagnóstico de resultados. A nova norma baseia-se no facto de que o sistema de gestão da qualidade deve integrar-se organicamente no sistema de gestão global, com base em princípios comuns e motivar os gestores a utilizarem a norma para melhorar a gestão da organização em geral e a sua viabilidade.

A abordagem por processos é um conceito chave para a construção do sistema de gestão (item 4.2.2.), além disso, na nova versão da norma essa ideia é reforçada.

Para além da duplicação do ponto 4.1 da versão atual, a norma prevê novas alíneas com os termos: "risco", "indicadores de desempenho" e outros.

De acordo com a nova norma, no ponto 4.3, existe a capacidade de decidir sobre a possibilidade de extrair os requisitos das secções da norma diretamente pela própria organização.

A aplicação prática da ISO 9001 apresenta numerosos exemplos de atitude formal da direção. Algumas soluções para esta questão são transferidas para níveis inferiores de controlo (serviço de qualidade) sem a devida autoridade e apoio da direção [4].

Na nova versão da norma internacional ISO 9001:2015 é determinado que os "líderes" prevejam requisitos de integração de um sistema de gestão da qualidade nas práticas gerais de negócio da organização. Isto irá reforçar os requisitos para acabar com a prática de entender o sistema de gestão da qualidade como algo separado dos princípios gerais de gestão da organização.

O capítulo 6.1 "medidas para reduzir os riscos e suas oportunidades" é uma novidade absoluta da versão da norma. A aplicação do item 6.1.2 afirma: "As opções de medidas para reduzir os riscos e as oportunidades" podem incluir:

- Evitar o risco
- Controlar os riscos
- Eliminação das fontes de risco
- Alterar a probabilidade do risco e as suas consequências
- Tomar decisões informadas sobre o risco.

Isto elimina o processo de "ação preventiva" da norma atual. Legislação: Guia ISO 73:2009. "Gestão do risco - Vocabulário"; Série de normas ISO 31000 "Gestão do risco"; método FMEA (análise do impacto das falhas).

Devem ser identificadas, implementadas e mantidas infra-estruturas, dispositivos de controlo ambiental para a medição e monitorização, gestão do conhecimento nas organizações que documentam a informação.

Note-se que a "gestão do conhecimento" se afasta da abordagem estabelecida pela organização relativamente ao conhecimento e às competências de peritos individuais. É importante um conhecimento abrangente: "competências de toda a equipa", dos participantes no projeto, em que uns complementam os outros.

A norma introduziu um novo conceito de "informação documentada" (em vez do ponto 4.2. da versão atual da norma). A informação documentada é definida como "informação e suporte em que está contida e que deve ser monitorizada e controlada pela organização".

Em vez do habitual ponto 7.4 "Compras", surge o ponto 8.4 "Gestão do fornecimento externo de bens e serviços", que estabelece requisitos para os fornecedores externos e inclui requisitos para a externalização.

O planeamento operacional envolve "acções para identificar e eliminar riscos para a obtenção de bens e serviços de acordo com os requisitos estabelecidos". (Figura 2-9)

Foram efectuadas algumas pequenas alterações na "Saída".

Os novos requisitos são a necessidade de "informação documentada que descreva as caraterísticas dos bens e serviços" e "informação documentada que descreva as acções realizadas e os resultados alcançados". As actividades após a entrega são consideradas separadamente da produção de estruturas soldadas e da prestação de serviços técnicos.

O controlo das alterações, a produção de estruturas e serviços técnicos, bem como a gestão de produtos e serviços técnicos inadequados são considerados no final do capítulo. O controlo das alterações repete os requisitos para o planeamento das alterações no ponto 6 da nova norma.

O capítulo "Avaliação dos resultados" está em conformidade com a versão atual. A "avaliação" reforça os requisitos de monitorização e medição. Não se menciona a utilização de métodos estatísticos, mas incluem-se requisitos para a determinação de métodos de monitorização, medição, análise e avaliação que permitam obter resultados de diagnóstico razoáveis.

As auditorias internas e a análise da gestão fazem parte de um capítulo sobre a avaliação da eficácia.

Sugere-se que se utilize o termo "melhoria" em vez de "melhoria contínua", uma vez que a "melhoria" é o principal objetivo da organização. Não há referência a acções preventivas, porque o sistema de gestão da qualidade implica a identificação de riscos. A norma exige que as organizações considerem e respondam a não-conformidades (defeitos). Se se pretende evitar a recorrência de irregularidades, é necessário encontrar a causa através de NDT.

O British Standards Institution publicou a norma BS 65000: 2014 Orientação sobre resiliência organizacional. Esta informação foi publicada em 27 de novembro de 2014 no British Standards Institution (BSI).

A resiliência é crucial para a sobrevivência e prosperidade de qualquer organização. Mas o que se entende exatamente por "resiliência" e como pode ser melhorada?

A nova norma BS 65000:2014 "Orientação sobre resiliência organizacional" fornece clareza sobre esta questão e contém recomendações que descrevem a natureza da resiliência e formas de a apoiar e fortalecer a empresa.

A norma BS 65000 define resiliência como a capacidade da organização de prever eventos, preparar-se, responder e adaptar-se a eles - a um impacto súbito e a mudanças graduais. A resiliência é a capacidade de adaptação, a competitividade e a mobilidade, a sustentabilidade e a utilização do diagnóstico (Figura 2).

Uma das formas de aumentar a resiliência é a integração e coordenação das várias áreas operacionais da empresa, pelo que a BS 65000 se baseia noutras normas relacionadas com estas áreas. A maioria das organizações opera dentro de uma complexa rede de interações.

A norma reconhece a importância fundamental não só de reforçar a resiliência da própria organização, mas também de uma rede de relações e parcerias com outras organizações.

Utilizar a terminologia coerente da norma BS 65000:

- Explica o conceito de "resiliência"
- Destaca os principais componentes da resiliência
- Ajuda as organizações a medir o nível de resiliência e a aumentá-lo,
- Mostra as boas práticas desenvolvidas noutras disciplinas e descritas nas normas existentes.

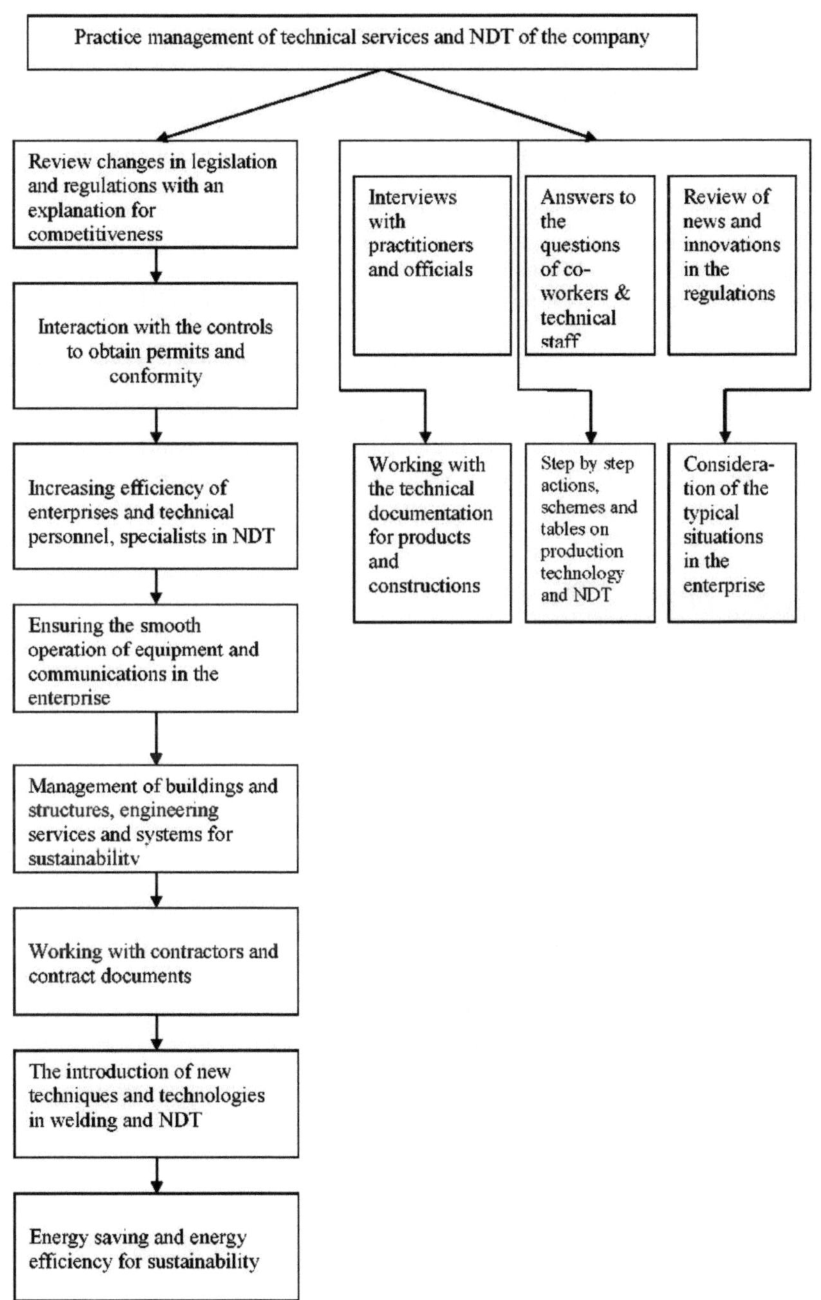

Fig. 1. Abordagem do projeto nos gestores técnicos da empresa para a produção e controlo de estruturas soldadas.

A norma BS 65000 será uma ferramenta muito valiosa para os responsáveis por garantir a resiliência das suas organizações. Estes incluem especialistas em gestão de riscos e em assegurar a continuidade das actividades empresariais e pessoas envolvidas na gestão estratégica, gestão de emergências e gestão da cadeia de fornecimento através de diagnósticos e monitorização.

Conclusão.

1. Não há alterações conceptuais na ISO 9001:2015 em relação à norma atual.
2. O regime de transição para a nova versão da norma é estabelecido pelo Fórum Internacional para a Acreditação (IAF) no período de três anos.
3. Para a reciclagem do pessoal em matéria de sistemas de gestão da qualidade no sistema estatal, é proposto o seguinte

- Introduzir um curso de formação sobre o tema "Análise comparativa da versão atual da ISO 9001 com a nova versão";
- Reforçar o tema: "A abordagem por processos. Aplicação";
- Acrescentar ao plano de curso um novo tópico "Gestão de riscos";
- Reforçar o tema "Aplicação do controlo e da medição, incluindo os métodos estatísticos";
- "Métodos para assegurar a resiliência da empresa através da utilização de monitorização e diagnóstico" [5].

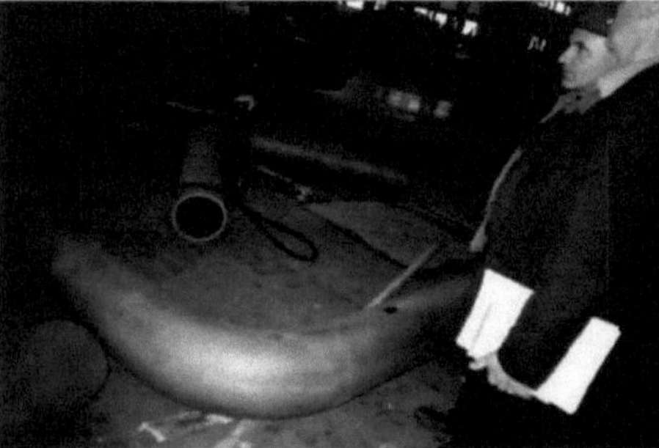

Fig. 2-12. Levantamento da área de preparação para a soldadura de construções de tubos.

Fig. 2-14. Análise do estado do equipamento de soldadura na empresa antes da produção de amostras para o sistema de gestão de riscos.

Fig. 2-15. Análise do estado do processo tecnológico com a introdução de sistemas de gestão dos riscos aquando da construção da instalação.

CAPÍTULO 3

GESTÃO TECNOLÓGICA DA QUALIDADE E DAS PROPRIEDADES OPERACIONAIS DOS PRODUTOS NA INDÚSTRIA DA SOLDADURA

Desde 2011 que se fala da quarta revolução industrial ou "indústria 4.0" em Davos. Nessa altura, discutia-se ativamente a nova era tecnológica, que minimiza essencialmente a contribuição do trabalho humano para os processos de produção e também simplifica significativamente a vida ao nível doméstico, à custa de aparelhos e soluções "inteligentes".

Atualmente, o ponto de viragem da nova era industrial está cada vez mais próximo. Por exemplo, o fundador do Fórum de Davos, Klaus Schwab, está convencido de que, num futuro próximo, o mundo será capturado pela inteligência artificial e por tecnologias como a impressão em 3D, a biologia sintética, a NDT e, em geral, o conceito de "Internet das coisas", quando todos os dispositivos que uma pessoa utiliza, integrados num único sistema ecológico e digital, se tornarem um padrão de vida.

Por conseguinte, estes processos proporcionarão enormes oportunidades às economias de muitos países. Mas só se conseguirem realizar o potencial humano, dominar as novas tecnologias e atrair os investimentos, os projectos e os END (ensaios não destrutivos) e os DT (diagnósticos técnicos) necessários para o efeito.

A indústria mundial moderna tem mais de uma centena de empresas especializadas na produção de produtos para soldadura. A maioria delas considera conveniente diversificar a sua produção e não se limitar apenas aos produtos de soldadura, enviando parte dos recursos para a produção de produtos adjacentes e, por vezes, completamente não soldados. Muitas vezes, a própria produção de soldadura torna-se uma unidade de produção externa, "não central", mas realiza serviços técnicos - produtos NDT e TD de vários materiais. (Figura 3-1)

Seria aconselhável analisar: até que ponto as empresas ucranianas que diversificam a sua produção serão capazes de satisfazer as exigências da concorrência nas empresas da UE, soldando um dos principais processos tecnológicos?

O objetivo desta análise é desenvolver recomendações práticas para a utilização de ferramentas de gestão da qualidade na inteligência competitiva das empresas, de modo a aumentar a sua competitividade, eficiência operacional e sustentabilidade estratégica para a viabilidade.

Em primeiro lugar, a produção de soldadura deve ter o cuidado de não simplificar e reduzir o custo dos seus produtos, mas também sobre a necessidade de tornar o equipamento tão seguro quanto possível em circulação e acessível, e aumentar o volume de negócios nos armazéns dos seus centros de distribuição. O principal objeto de investigação - o processo de soldadura, que cria a costura soldada, os requisitos para os quais o cliente designado. Aparelho de soldadura e elétrodo - não um fim em si mesmo, mas um meio para alcançar a tarefa. É claro que, no âmbito da "tarefa", é necessário compreender não só a tarefa técnica de um projeto de soldadura, mas também os problemas que a produção enfrenta como um todo.

A análise mostrou que o sistema de produção desenvolvido, a tecnologia de soldadura e os meios da sua implementação serão procurados por muitos fabricantes de estruturas soldadas que têm problemas semelhantes e resolvem problemas semelhantes utilizando NDT e TD.

O valor da abordagem BSC (balance, score, card) do "Balanced scorecard system" foi reconhecido e confirmado por representantes da indústria de muitos países em todo o mundo, como evidenciado por milhares de conjuntos de equipamentos e centenas de toneladas de materiais de soldadura que executam tarefas específicas nos projectos soldados de clientes em várias indústrias, mas ainda não foi introduzido nas empresas de soldadura da Ucrânia.

A fim de alcançar o sucesso da empresa na concorrência no mercado de produtos e serviços de produção de soldadura, foram desenvolvidas formas de responder rapidamente às mudanças na tecnologia que irão superar os concorrentes em termos de qualidade do produto, tempo de entrega do serviço, gama e preço.

O estudo operacional da informação sobre as actividades da empresa e a sua posição no mercado permitirá à gestão determinar a estratégia, formular objectivos a longo prazo.

A análise preliminar da produção de soldadura mostrou que, para estabelecer um sistema de melhoria da produção, é ideal utilizar a metodologia "Balanced scorecard system" - BSC (balance, score, card) com visualização das realizações para um determinado período: mudança - mês - trimestre - ano para efeitos de informação nas oficinas e secções.

Com base na análise e investigação do sistema BSC, foi determinado que devem ser tomadas medidas adicionais para implementar o programa de apoio à política setorial no domínio da construção de máquinas com os requisitos internacionais do BSC (equilíbrio, pontuação, cartão), para além das normas ISO 9001: 2008 e ISO 9001: 2015. A análise e a pesquisa do sistema BSC mostraram que os ativos tangíveis na indústria de soldadura desempenham apenas 15-20% na formação do valor da produção. Está estabelecido que, para o bom funcionamento da empresa, são necessários os seguintes factores: avaliação do estado da produção, processos internos optimizados, pessoal competente, base estabelecida de consumidores de produtos - estruturas soldadas e sistema 5 S juntamente com NDT e TD. O relatório do Balanced Scorecard BSC nas oficinas da empresa de soldadura permite cobrir constantemente a situação nas divisões da empresa. Antes de estudar o sistema BSC, recomenda-se a compilação de um roteiro para analisar a atividade de cada unidade da empresa e o estado da segurança no trabalho. [9]

Como resultado da investigação do sistema Balanced scorecard (BSC) e da análise da abordagem por processos, foi também estabelecida a lista de processos que são parte integrante da gestão e fornecimento dos processos internos das empresas da indústria de soldadura. Foram formulados e definidos os seguintes segmentos do BSC da indústria de soldadura: formação de pessoal de soldadura, NDT e TD, identificação financeira, lista de processos internos, lista de consumidores de produtos soldados, requisitos regulamentares para processos de soldadura, NDT e TD, que constituem a base da nomenclatura de processos de soldadura e serviços técnicos, que devem ser aprovados pelo Departamento de Regulamentação Técnica e receber confirmação de conformidade do Ministério do Desenvolvimento Económico da Ucrânia. De acordo com os resultados da análise, foram desenvolvidos procedimentos para confirmar a conformidade e a avaliação do estado da produção de produtos soldados de vários tipos, a necessidade de desenvolver um procedimento para o controlo contínuo da produção (auditoria interna) e um conjunto de instruções para medir e verificar os principais parâmetros. Foi estabelecido que, de acordo com a Lei da Ucrânia "Sobre a Normalização", para a construção do sistema BSC e quatro segmentos de produção de soldadura na indústria de soldadura, é necessário utilizar documentos regulamentares internacionais harmonizados para a implementação de elementos e processos de produção seguros e qualitativos [1-4], tendo em conta o NDT e o TD.

Com base nas investigações realizadas, é proposto um sistema de indicadores-chave de gestão da qualidade tecnológica na indústria de soldadura, que é formado com base na análise dos processos tecnológicos de fabrico de produtos soldados e NDT e TD. Propõe-se a estrutura dos processos de nível superior relacionados com a gestão, fornecimento, produção, monitorização da produção de soldadura e controlo das caraterísticas de desempenho das estruturas soldadas. Os resultados da investigação são utilizados no desenvolvimento de recomendações e na implementação de medidas para melhorar o sistema de gestão da produção de estruturas metálicas de edifícios. Foi realizada a pesquisa dos requisitos e métodos do sistema BSC para visualização dos resultados da produção, de acordo com o sistema de melhoria da soldagem e instalação de estruturas após a preparação da produção para supervisão técnica (monitoramento) sob a estrutura certificada da empresa de acordo com ISO 9001: 2008 (ISO 9001: 2015). De acordo com a análise dos fatores de melhoria da qualidade dos produtos e produtos para a construção de máquinas, tendo em conta a importância do fator humano, as políticas e objetivos foram formados na esfera da qualidade da gestão de topo; motivação do pessoal e compreensão das tarefas nesta área por especialistas da empresa; o nível de coordenação dos trabalhos de soldadura; o sistema de reciclagem e certificação de soldadores, especialistas em NDT e TD [5]. Com isto são definidos os requisitos para o desenvolvimento de programas de avaliação da conformidade da tecnologia de soldadura, com base na implementação de normas internacionais, tendo em conta os limites de adequação de vários esquemas de atestação de processos tecnológicos de soldadura para diferentes tipos de produtos e produções [2].

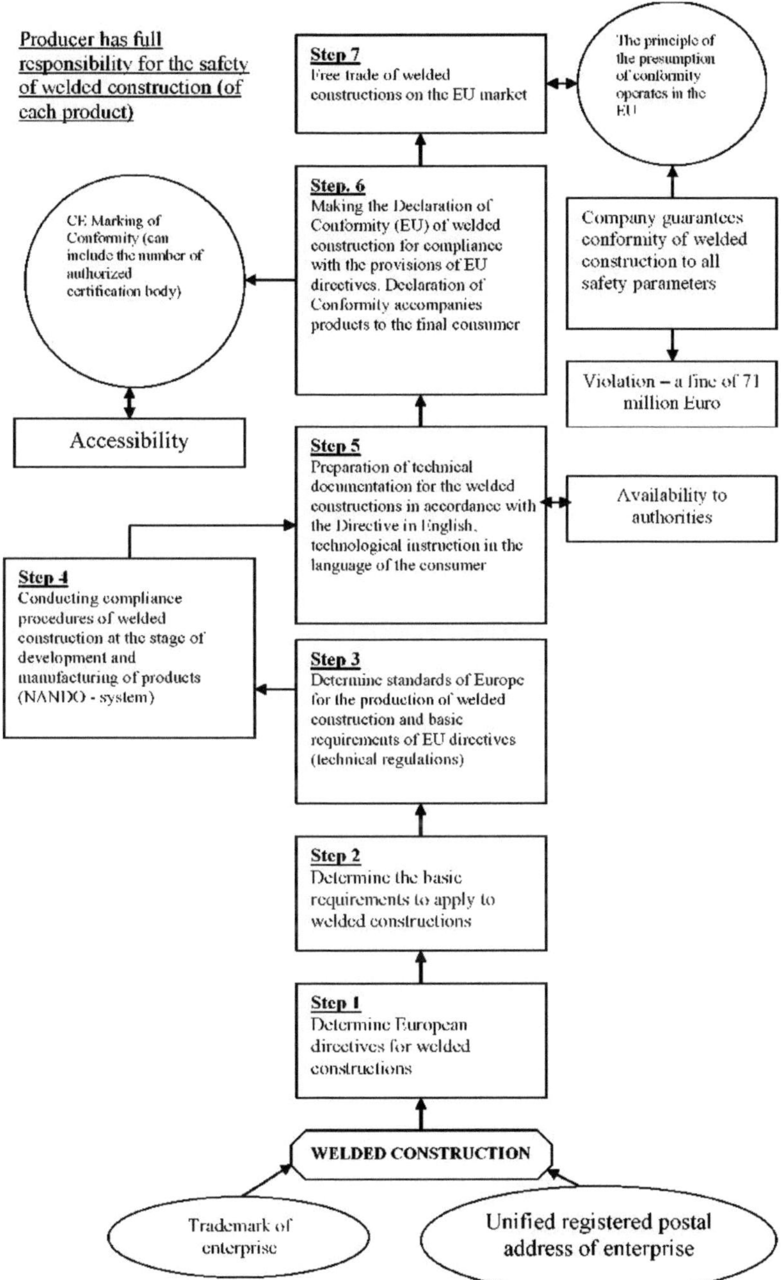

Fig. 1. Como entrar no mercado da UE - uma instrução passo a passo.

Para o acesso das estruturas soldadas ao mercado da UE, é necessário assegurar a produção com processos de soldadura de alta qualidade que garantam a ausência de defeitos (Fig. 1).

Na esmagadora maioria das construções de edifícios predomina a ligação com juntas curtas e fechadas, localizadas em diferentes posições espaciais. Os principais problemas neste tipo de ligações são a insuficiência de fornecimento nas partes inicial e final das juntas, poros e inclusões de escória. Estes defeitos pioram consideravelmente a qualidade das estruturas soldadas. (Fig. 3-13)

Atualmente, as tecnologias para obter costuras qualitativamente sem defeitos incluem processos de arco pulsado em árgon, uma mistura de árgon com CO_2 e CO_2 num fio fino com ciclo térmico forçado, desde que sejam utilizados gases de proteção, fios e máquinas de soldar de alta qualidade (certificados) [1, 2, 5, 8].

Com a utilização de tecnologias e equipamentos sem ciclos de corrente e térmicos, gases de soldadura, fios e fontes de energia inadequados (não testados), bem como na ausência de controlo sobre a soldadura das juntas, ocorrem não ondas, poros e outros defeitos.

As principais causas dos poros são a proteção insuficiente da zona de soldadura contra o ar. Na inspeção da produção, de acordo com os requisitos do DSTU 3957-2000, verificou-se que nas garrafas com CO_2, que são fornecidas sem certificados, o elevado teor de ar e humidade é frequentemente observado (GOST 805085). A razão para este facto é, na maioria dos casos, a violação da tecnologia de enchimento de balões de CO_2. As garrafas não são limpas ou drenadas antes do enchimento, as tecnologias de reabastecimento não são certificadas.

A análise das tecnologias de soldadura em CO_2 e na mistura árgon-CO2 mostrou que os poros nas costuras também aparecem durante a soldadura a alta velocidade e o fornecimento insuficiente de gás de proteção (CO_2 ou mistura árgon-CO2).

O ajuste e o controlo de acompanhamento do modo de soldadura são realizados com a ajuda dos dispositivos nos postos de trabalho (voltímetro, amperímetro e regulador do gás de alimentação). Muitas vezes, estes dispositivos não fornecem uma precisão suficiente dos parâmetros dos modos de soldadura.

Garantir a receção de estruturas soldadas de alta qualidade e sem defeitos e o acesso ao mercado europeu é possível, desde que a organização dos trabalhos de fabrico das construções esteja em conformidade com os documentos normativos e a sua execução. A ordem de organização da exportação dos produtos, em geral, é apresentada na Fig. 1

Além disso, é necessário utilizar o Regulamento Técnico para equipamentos eléctricos de baixa tensão, introduzido pela Lei da Ucrânia e o plano de medidas para a sua aplicação. Ao realizar a certificação, é necessário determinar não só os parâmetros de segurança dos produtos, mas também a qualidade das caraterísticas tecnológicas do equipamento de soldadura e a qualidade dos processos de soldadura, o que determina o fabrico de estruturas soldadas com um nível aceitável de defeitos [5].

Deve ter-se em conta que a UE tem o princípio da presunção de conformidade (o fabricante garante a conformidade da construção soldada com todos os parâmetros de segurança e requisitos de qualidade de acordo com os documentos normativos).

Em caso de violação do princípio da presunção de conformidade da construção fabricada, a empresa - fabricante é multada até 70 milhões de euros.

Do que precede, podemos tirar as seguintes conclusões:

1. Para a reciclagem do pessoal dos sistemas de gestão da qualidade no sistema estatal, propõe-se o seguinte

- introduzir o tema "Análise comparativa da versão atual da ISO 9001 com a versão seguinte" no curso de reciclagem ";
- para alargar o tema: "Abordagem do processo. Aplicação";

- introduzir um novo tópico "Gestão de riscos" no plano de curso;

- alargar o tema "Aplicação de métodos de controlo e de medição, incluindo métodos estatísticos".

2. Fornecer um esquema para a implementação de estruturas metálicas soldadas seguras e análise do risco de defeitos em juntas soldadas, em gases de proteção em instalações que utilizam gases de proteção não certificados (CO_2 ou mistura árgon-CO2).

3. A fim de garantir a qualidade das estruturas de aço soldadas, é necessária a certificação das tecnologias de soldadura, tendo em conta as normas DSTU ISO 15610 e DSTU ISO 15613, os regulamentos técnicos e as normas actuais de conformidade com as normas DSTU ISO 9001: 2015 e DSTU EN 1090.

Fig. 3-1. Ensaio de uma amostra de construção soldada por um método de ensaio não destrutivo (ultra-sons e visual-ótico).

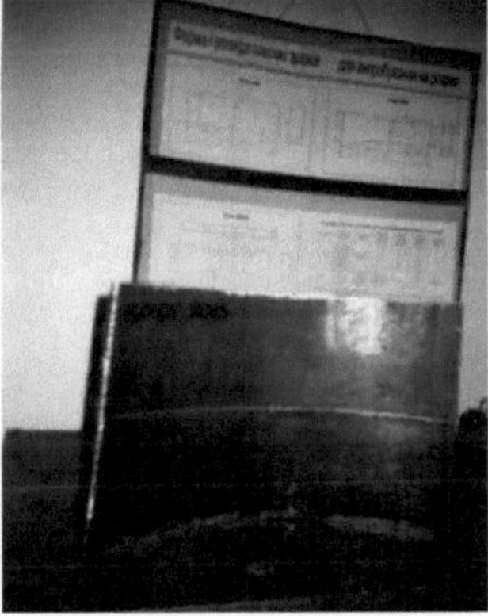

Fig. 3-2. Fig. 3-2. Amostra da junta soldada (raiz) para ensaio com métodos não destrutivos.

Fig. 3-13. Um conjunto de amostras de juntas soldadas após ensaios mecânicos para a análise do estado do sistema de gestão dos riscos de construção.

CAPÍTULO 4

PROBLEMAS PARA ASSEGURAR O ACOLHIMENTO E A MOTIVAÇÃO DE PERITOS TÉCNICOS NA PRODUÇÃO DE SOLDADURA

O principal sujeito, que determina a qualidade, é o consumidor. Por outro lado, a sua avaliação da qualidade baseia-se no conhecimento das caraterísticas dos produtos e na sua confirmação durante os ensaios, NDT na possibilidade de uma comparação objetiva com outros produtos semelhantes e com os requisitos dos documentos normativos.

Considerando a questão da competitividade e da qualidade, é necessário realçar os valores tão significativos do grande capital para a Ucrânia:

- globalização;
- mudanças dinâmicas nos requisitos e ciclo de vida do produto a curto prazo;
- transparência (a base do desenvolvimento económico);
- desenvolvimento do mercado de produtos de alta tecnologia;
- a utilização das tecnologias de comunicação, a rapidez da atualização das informações sobre os produtos;
- responsabilidade (extensão constante dos limites da responsabilidade de cada um);
- a predominância da oferta sobre a procura;
- garantir as exigências da ecologia da produção e da segurança;
- formação das necessidades de desenvolvimento estável da sociedade;
- motivação do pessoal e promoção da responsabilidade social

requisitos, em primeiro lugar, para os produtores;

- o ritmo da modernização e da inovação;
- o desejo de uma distribuição uniforme dos rendimentos, contribuindo para a formação da classe média;
- nova qualidade do ensino (educação) e seleção do pessoal.

Nestas condições, o posicionamento dos produtos e serviços de END na produção de soldadura no mercado e a determinação da sua competitividade desenrolam-se na tríade "qualidade-custo-tempo", como indicado em termos de qualidade em [3], ou seja, é necessário resolver a tripla tarefa de introduzir produtos, serviços e pessoal de alta qualidade na circulação do mercado a um preço aceitável para o consumidor num determinado período de tempo e no segmento de mercado relevante. Alcançar a competitividade significa satisfazer as exigências e as expectativas dos consumidores melhor do que os concorrentes, encurtar o tempo de satisfação das encomendas, aumentar a mobilidade do pessoal, reduzir os custos para oferecer um melhor preço. [2] (Fig. 4-10)

Existe um tipo especial de pessoal - fontes de problemas devido aos quais a empresa começa a perder trabalhadores sensíveis.

Há também um tipo - produtivo, mas que não gosta de se publicitar. Quando são contratados, argumentam: "Bem... Eu sei trabalhar... Acho que ninguém se queixou...".

O tipo seguinte de pessoal é o "jovem sem experiência profissional". Neste tipo, é possível investir meios se se fizer a escolha correta da personalidade e se se confiar este especialista a um mentor competente, o que terá um resultado positivo. Se houver um erro na seleção, nem mesmo o melhor mentor conseguirá salvar a situação e este tipo será um "fardo".

De acordo com a teoria da motivação proposta pelo Professor Frederick Herzberg da

Universidade de Chicago em 1969 [4], há dois tipos diferentes de factores que afectam a motivação, a que chamou satisfação e insatisfação.

Existe um novo tipo de pessoal - o executante - uma categoria de empregados produtivos. Trata-se de um especialista que, no âmbito da sua área de responsabilidade, é capaz de trabalhar em equipa:

1. Ele próprio pode ver, algo que precisa de ser melhorado.
2. Ele próprio pode encontrar uma solução para o fazer.
3. Ele próprio pode tornar esta decisão uma realidade.
4. Fá-lo sem qualquer pressão externa.

Há também um tipo de trabalhador - o trabalhador que faz -, o trabalhador produtivo, o trabalhador que executa. Estes são profissionais que estão dispostos a trabalhar. O grau de desejo é a base (chave). O fazedor precisa de definir uma tarefa - dizer "o que" fazer. Neste caso, o executante não é normalmente necessário. Um bom trabalhador faz tudo com grande vontade. Em contraste com ele, um mau trabalhador faz um trabalho com um pequeno desejo.

Na maior parte das fontes dedicadas às questões da motivação [4], a teoria de Herzberg é vista como uma teoria de dois factores, composta por factores higiénicos e factores motivacionais.

Por exemplo, o pessoal de END sente insatisfação devido a factores como salários baixos, condições de trabalho abafadas e ruidosas; por isso, é muito importante eliminá-la aumentando os salários, instalando ar condicionado ou melhorando as condições e os locais de trabalho. No entanto, por si só, a eliminação das fontes da nossa insatisfação não conduzirá automaticamente à motivação para trabalhar.

Para a motivação, é importante garantir a existência de factores de um tipo diferente no trabalho diário - factores de satisfação. Particularmente importantes para a motivação das pessoas são os factores que envolvem o envolvimento dos trabalhadores no desenvolvimento de procedimentos e métodos de trabalho, estabelecendo objectivos para o trabalho e reconhecendo e encorajando constantemente os resultados do seu trabalho.

Entretanto, o Dr. E. Nisibori sublinha que o trabalho humano deve incluir sempre os três elementos seguintes [4]:

1) abordagem criativa (alegria da atividade de pensar);

2) atividade física (alegria do trabalho físico);

3) a possibilidade de comunicação (a alegria de viver as alegrias e os fracassos com os colegas).

A inter-relação destes três elementos é mostrada esquematicamente na Fig.1.

Para que uma pessoa experimente um sentido de responsabilidade praticamente doloroso pelo seu trabalho e pela realização dos seus objectivos, devem estar reunidas as seguintes condições

1) articular claramente os objectivos do trabalho;

2) dar-lhe a liberdade suficiente para escolher os meios e os métodos para atingir os objectivos fixados.

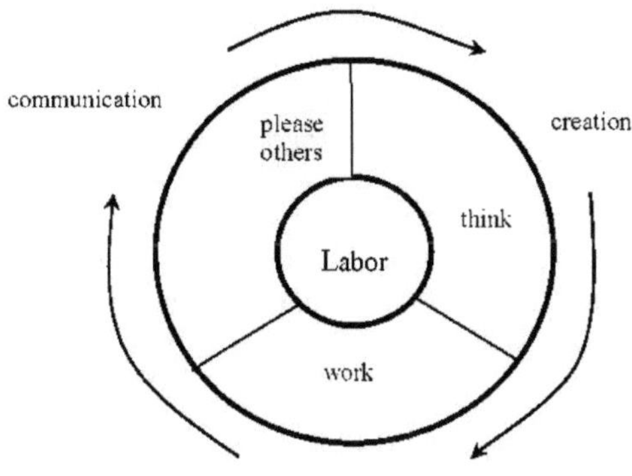

Fig. 1. Três elementos do trabalho na realização de serviços técnicos.

A tarefa mais importante na prestação de serviços técnicos para ENDs no trabalho - quer estejamos a fazê-lo nós próprios ou a instruir os nossos colegas ou subordinados - é atingir os verdadeiros objectivos da atividade. Uma das principais condições para o sucesso é o envolvimento obrigatório do executante e uma compreensão clara dos objectivos estabelecidos e da importância de os atingir - a segurança das estruturas soldadas.

A análise mostrou que, se houver um gestor competente na empresa que diga claramente o que tem de ser feito, pode seguramente colocar um executante ou um executor e o resultado será alcançado.

No entanto, apesar da diversidade de abordagens, todas elas podem ser divididas em duas categorias:

1) a utilização de pessoas em vez de máquinas;
2) a utilização de pessoas para o trabalho de máquinas.

A primeira destas abordagens baseia-se em máquinas e a segunda em pessoas.

Na fase de planeamento do trabalho, os seus verdadeiros objectivos são clarificados e são dadas instruções sobre a utilização de meios e métodos aceitáveis para atingir esses objectivos. No entanto, quando se utiliza a primeira das abordagens acima mencionadas, não é necessário informar as pessoas sobre os verdadeiros objectivos do trabalho. É mais importante instruí-las sobre os meios e métodos de trabalho a utilizar do que clarificar os objectivos a atingir; mas, na realidade, sem clarificação dos objectivos, é indispensável.

De acordo com a segunda abordagem, independentemente do grau de mecanização e automatização do processo, as pessoas acabam por trabalhar em equipamentos e realizar trabalho. Em sentido figurado, o trabalho gira em torno das pessoas. Com a utilização desta abordagem, a educação das pessoas continua a ser um elemento importante, embora seja mais valioso divulgar os verdadeiros objectivos do trabalho para que os trabalhadores possam determinar de forma independente as formas mais convenientes de o realizar.

A melhor maneira de realizar o trabalho é informando os empregados sobre os verdadeiros objectivos do trabalho e informando-os sobre os meios e métodos para atingir os objectivos. No entanto, se especificarmos meios e métodos específicos para a realização do trabalho e obrigarmos as pessoas a segui-los rigorosamente, as pessoas deixarão de levar a sério os objectivos do trabalho, apesar de conhecerem os objectivos. Além disso, se os objectivos não forem atingidos, as pessoas tentarão fugir à sua responsabilidade, explicando as razões da sua informação incorrecta sobre os objectivos e os meios.

O resultado de observações a longo prazo mostrou que se atribuir a análise de pessoal ao executante, este definirá claramente o tipo: onde está o executante e onde está o executante. Neste caso, o executante não pode determinar o executante, mas apenas distinguir o tipo de trabalhador para a produção. Por conseguinte, é necessário não cometer um erro fatal.

Quando é fácil para os funcionários encontrarem uma desculpa, o seu sentido de responsabilidade pelo trabalho começa a evaporar-se. Procuram completamente desculpas, tentando evitar a responsabilidade em caso de desempenho incorreto do trabalho, em vez de darem o seu melhor para cumprirem as tarefas estabelecidas. É óbvio que, neste caso, os objectivos do trabalho não serão alcançados.

A preparação para o fracasso, procurando desculpas e livrando-se da responsabilidade, requer energia criativa suficiente, pelo que é mais importante utilizar essa energia para realizar as tarefas de trabalho e atingir os objectivos estabelecidos, tendo em conta as capacidades físicas, a destreza, a habilidade e o engenho do pessoal.

O sentimento de responsabilidade pelo trabalho de que estamos a falar não se aplica à escrita de explicações e justificações para o fracasso que aconteceu. Este sentimento está relacionado com a obrigação preventiva - o desejo compulsivo de atingir os objectivos estabelecidos de uma forma ou de outra.

Investigadores ocidentais efectuaram uma análise da produtividade do trabalho dos trabalhadores da Europa Oriental [4]. O motivo da investigação foi o facto de, apesar do elevado nível educacional destes trabalhadores, a sua produtividade laboral ser quase duas vezes pior do que a produtividade na Europa Ocidental.

Como resultado do estudo, foram identificados 18 factores que contribuem para uma atitude positiva em relação ao trabalho. A partir do inquérito aos trabalhadores, tornou-se claro que os factores mais importantes para uma atitude positiva em relação ao trabalho eram as condições de trabalho, a qualidade da gestão da empresa e a reputação da própria empresa.

Figure 2 mostra uma análise da aplicação do sistema. A Fig. 2 representa os resultados quantitativos da análise do sistema empresarial antes da aplicação.

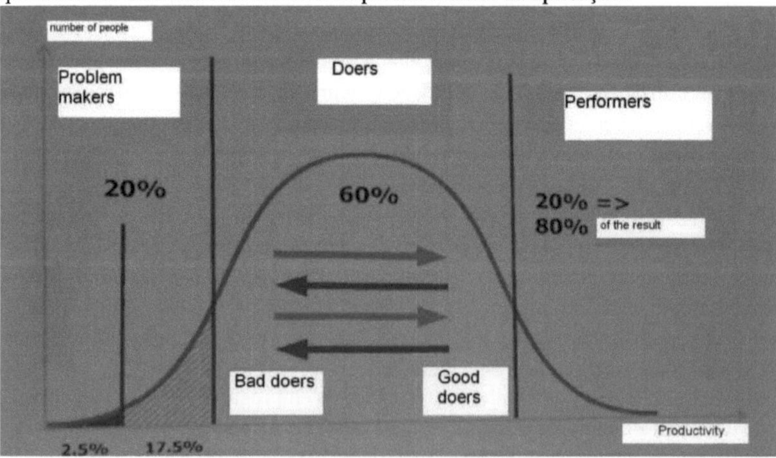

Fig. 2. Programa de avaliação quantitativa do pessoal na produção de soldadura.

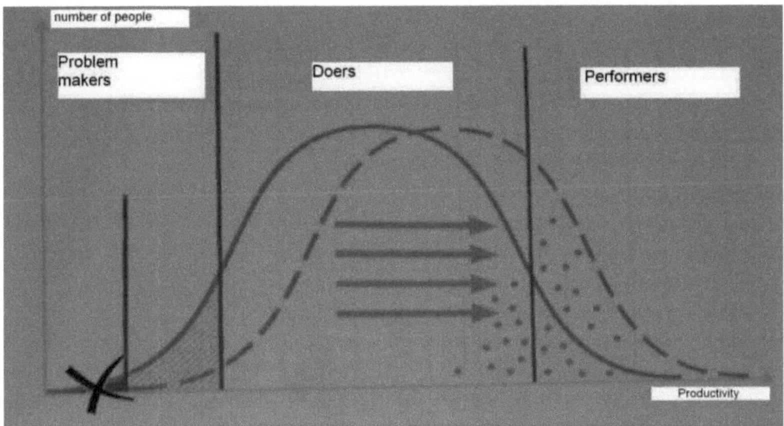

Fig. 3. Programa de avaliação qualitativa do pessoal na produção de soldadura.

Figure 3 representa a análise qualitativa (curvas) da aplicação do sistema.

Uma boa motivação consiste em ajudar pessoas com capacidades médias a obter resultados extraordinários. Qualquer programa de apoio motivacional deve combinar incentivos materiais com incentivos intangíveis de um conjunto dos mais valorizados por quem executa diretamente o trabalho.

Assim, os resultados do funcionamento da instalação de soldadura são afectados pela (Figura 3):

a) produtividade - o tipo de pessoal: ou um executante, ou um bom trabalhador, ou mesmo um executante.

b) as qualidades pessoais do perito - se é adequado para este trabalho; quanto tempo pode permanecer na empresa; se pode trabalhar em grupo.

c) motivação - o pessoal está orientado para o fluxo de saída ou está concentrado no fluxo de entrada para a produção de soldadura.

As perguntas para a análise do pessoal podem ser divididas nos seguintes níveis:

a) este candidato será útil?

b) não se demitirá como anterior?

c) será que ele vai conseguir lidar com as tarefas no local de trabalho?

d) Posso confiar-lhe fundos?

e) se é possível confiar-lhe os consumidores (clientes)?

f) se eu o ensinar, e ele for para a concorrência ou abrir a sua empresa?

Estão alinhadas numa ordem hierárquica, começando em baixo com as necessidades fisiológicas e terminando com as necessidades de auto-expressão. À medida que cada necessidade é satisfeita, a começar pelas necessidades fisiológicas, outro nível superior toma o seu lugar. De acordo com esta hierarquia, as necessidades humanas manifestam-se como etapas ou níveis discretos.

Existem três abordagens para a definição de concorrência. A primeira define a concorrência como a concorrência no mercado. A segunda abordagem considera a concorrência como um elemento de um mecanismo de mercado que equilibra a oferta e a procura. A terceira abordagem define a concorrência como um critério através do qual se determina o tipo de mercado do sector dos serviços técnicos de END e soldadura.

A primeira abordagem é a mais comum e baseia-se numa compreensão quotidiana da concorrência, como uma rivalidade para obter melhores resultados em qualquer domínio. Eis a definição mais típica:

A concorrência é um tipo especial de luta económica honesta, na qual, com chances iguais, cada uma das partes pretendentes é derrotada por uma parte mais hábil, empreendedora e capaz.

Eis mais alguns conceitos do domínio da concorrência.

A competitividade é uma propriedade de um objeto, caracterizada pelo grau de satisfação de uma necessidade específica em comparação com objectos semelhantes apresentados neste mercado. Dependendo do rendimento dos consumidores, a competitividade é formada para tipos específicos de bens (serviços técnicos):

- qualidade média - para consumidores com rendimentos médios;
- qualidade muito elevada (de prestígio) - para consumidores com rendimentos elevados.

A base da competitividade é a qualidade e a segurança. E embora, para além da qualidade, a competitividade inclua o preço, as condições de entrega, as garantias, o serviço e uma série de outros componentes, é a qualidade que frequentemente determina quando o comprador escolhe o produto (serviços técnicos) de que necessita.

Conclusões.

1) Os peritos técnicos são pessoas altamente qualificadas, com conhecimentos especiais no domínio da soldadura e dos END, que realizam diretamente a peritagem técnica e assumem a responsabilidade pessoal pela fiabilidade e integridade da análise, pela validade das recomendações em conformidade com os requisitos para a tarefa de realizar o exame dos objectos (estruturas soldadas) [1].

2) Colocação de produtos em circulação - qualquer primeira entrega paga ou gratuita de produtos para a sua distribuição, consumo (operação) no mercado ucraniano.

3) Dano - dano causado por um defeito de um produto, outro dano à saúde ou morte de uma pessoa, dano ou destruição de um objeto de propriedade, exceto o próprio produto, que tem um defeito [2].

4) Para a análise dos resultados dos ensaios das estruturas soldadas e dos peritos técnicos (pessoal), recomenda-se a aplicação de um sistema de gestão de riscos que contenha procedimentos de ensaio, tratamento da informação sobre o estado da estrutura soldada e identificação dos factores que causam o risco na avaliação por END e dos pontos fracos na soldadura de condutas [3].

Fig. 4-10. O defectoscopista (NDT) mede preliminarmente a dureza na zona próxima para verificar a qualidade da tecnologia de soldadura (por WPS).

CAPÍTULO 5

DESENVOLVIMENTO DE MÉTODOS DE AVALIAÇÃO DA DETECÇÃO DE RISCOS NA INDÚSTRIA DA SOLDADURA. A CRIAÇÃO DO REGISTO E A CLASSIFICAÇÃO DOS RISCOS NAS ESTRUTURAS SOLDADAS

O sucesso na avaliação e minimização dos riscos é garantido aos países que, para além de uma boa legislação, dispõem de informação de qualidade, introduzem mecanismos e divulgam as melhores práticas de avaliação dos riscos.

Em primeiro lugar, a União Europeia é uma associação económica, pelo que a principal tarefa desta organização é integrar os negócios dos países europeus numa única comunidade. É de notar que uma componente importante da integração é a questão da proteção do trabalho e da saúde dos trabalhadores. Este é um dos pontos-chave da integração económica, que é importante para todas as partes interessadas envolvidas no processo de criação de riqueza e, acima de tudo, para os trabalhadores.

A análise mostrou que, desenvolvendo-se no quadro de uma economia de mercado, os governos dos países da Comunidade devem ter a certeza de que tanto o mercado como a economia se desenvolverão em conformidade - sem causar danos à saúde das pessoas, bem como sem lesões e acidentes de trabalho. Tem de haver uma garantia transparente: se algo acontecer, a vítima será protegida de forma segura no âmbito do sistema de proteção social.

É claro que a avaliação dos riscos também é muito importante para as empresas - se os empregadores zelarem por condições de trabalho seguras, têm a garantia de um desenvolvimento constante - tanto na produção como na atividade económica em geral.

A Ucrânia, como qualquer outro Estado, só conseguirá alcançar melhorias sistémicas a longo prazo quando começar a desenvolver-se, principalmente como uma sociedade de criação, e não de consumo e acumulação. Todos os nossos esforços na economia global competitiva só serão bem sucedidos se partirmos do princípio de que as principais "baionetas" no campo da criação e do mercado são diretamente as empresas (companhias, organizações). O Estado deve criar condições favoráveis ao seu desenvolvimento. Só as empresas criam valor acrescentado e podem resolver os principais problemas nacionais, como a competitividade, a conservação dos recursos, a orçamentação, a criação de emprego, a redução da pobreza e muitos outros. E a Ucrânia só poderá tornar-se um país próspero quando a grande maioria das suas empresas se tornar um país próspero.

O objetivo e os conceitos básicos da análise de risco.

A análise mostrou que o risco existe em qualquer atividade humana. Pode estar relacionado com a saúde e a segurança (tendo em conta, por exemplo, os efeitos imediatos e a longo prazo para a saúde decorrentes da exposição a produtos químicos tóxicos). O risco pode ser económico, por exemplo, o que resulta na destruição de equipamentos e produtos em consequência de incêndios, explosões ou outros acidentes. Pode ter em conta os efeitos ambientais adversos. A tarefa da gestão de riscos consiste em controlar, prevenir ou reduzir as mortes, reduzir a morbilidade, reduzir os danos, os danos materiais e as fugas lógicas, bem como prevenir os efeitos adversos no ambiente.

A investigação estabeleceu que, para aumentar a eficácia da gestão do risco, é necessário efetuar uma análise preliminar do risco, que inclui:

a) identificação do risco e determinação de abordagens para resolver problemas relacionados;

b) a utilização de informações objectivas na tomada de decisões na indústria da soldadura;

c) satisfação dos requisitos regulamentares em matéria de risco.

Os resultados da análise de risco podem ser utilizados por um especialista que toma decisões para avaliar a admissibilidade do risco, bem como para escolher entre potenciais medidas de redução ou eliminação do risco. Do ponto de vista do decisor, as principais vantagens da análise de risco são

a) identificação sistemática dos perigos potenciais do projeto;

b) identificação sistemática de possíveis tipos de falhas durante o funcionamento;

c) estimativas quantitativas ou classificações de risco;

d) avaliação da fiabilidade de possíveis modificações do sistema para reduzir o risco e atingir os níveis de fiabilidade desejados;

e) identificação dos factores que determinam o risco e dos elos fracos do sistema de produção;

f) uma compreensão mais profunda do dispositivo e do funcionamento do sistema;

g) comparar o risco do sistema investigado com os riscos de sistemas ou tecnologias alternativas na empresa;

h) identificação e comparação de riscos e incertezas;

i) assistência no estabelecimento de prioridades para melhorar os requisitos e normas sanitárias;

j) formação de uma base para a organização racional da manutenção preventiva, da reparação e do controlo das estruturas soldadas;

k) garantir a possibilidade de investigação após o julgamento e medidas de prevenção de acidentes de trabalho;

l) a possibilidade de escolher medidas e métodos para assegurar a redução dos riscos.

Todos estes factores desempenham um papel importante na gestão eficaz dos riscos, independentemente das tarefas que são consideradas (saúde, segurança, prevenção de perdas económicas, cumprimento da regulamentação governamental, etc.).

A análise pode abranger os seguintes domínios de especialização:

a) análise do sistema;

b) probabilidade e estatística;

c) construção de máquinas, engenharia eléctrica, máquinas de construção ou tecnologia nuclear.

Desde 2011 que se fala da quarta revolução industrial ou "indústria 4.0". Foi nessa altura que se iniciou uma discussão ativa sobre a nova era tecnológica que, na sua essência, minimizava a contribuição do trabalho humano para os processos de produção, bem como simplificava significativamente a vida ao nível doméstico através de gadgets e soluções "inteligentes".

Atualmente, como concordaram os participantes no fórum, o ponto de viragem da nova era industrial está cada vez mais próximo. Por exemplo, o fundador do fórum de Davos, Klaus Schwab, está convencido de que, num futuro próximo, o mundo será capturado pela inteligência artificial e por tecnologias como a impressão 3D, a biologia sintética, a NDT, a TD e, em geral, o conceito de "Internet das coisas", quando todos os dispositivos que uma pessoa utiliza, integrados num único sistema ecológico e digital, se tornarem um padrão de vida.

"Engenheiros, designers e arquitectos utilizarão o design de máquinas, o desenvolvimento de materiais e a biologia sintética para conseguir uma simbiose entre microrganismos, os nossos corpos, produtos consumíveis e até as nossas casas", afirma Schwab. Por exemplo, de acordo com os dados apresentados em Davos, em 2025, 10% das pessoas usarão vestuário ligado à

Internet e 5% dos produtos de uso quotidiano serão impressos em impressoras 3D.

Por conseguinte, todos estes processos oferecem enormes oportunidades às economias de muitos países. Mas só se conseguirem realizar o seu potencial humano, aprender novas tecnologias e atrair os investimentos, projectos e NDT e TD necessários para o efeito.

Atualmente, segundo as estatísticas da indústria de soldadura, verifica-se um aumento dos acidentes no sector dos serviços. Estudos recentes realizados em 36 países do mundo sobre os factores de produção mais perigosos, incluindo o sector dos serviços, revelaram que os clientes e as construções ditas sofisticadas são, curiosamente, os últimos a apresentar maiores riscos. Este facto foi objeto de uma discussão séria e do desenvolvimento de novas abordagens para resolver este problema.

Também surgem novos riscos quando a tecnologia muda, o que, por sua vez, leva a mudanças na indústria da soldadura. Digamos que a introdução de nanotecnologias, de vários materiais novos - estes são riscos adicionais e ameaças às condições de trabalho. (Fig. 5-3)

O próximo desafio para nós é mudar a natureza do emprego. Muitas vezes, as pessoas têm de mudar o seu local de trabalho.

Como é que as pessoas lidam com todos os riscos e desafios na Europa? Graças ao quadro legislativo.

A Diretiva 89/391/CEE "relativa à aplicação de medidas destinadas a promover a melhoria da segurança e da saúde dos trabalhadores" é uma diretiva-quadro que exige que todas as entidades patronais avaliem os riscos e tomem medidas de prevenção de acidentes e de proteção social dos trabalhadores.

A legislação da UE tem definições especiais para riscos especiais e algumas decisões são tomadas com base nelas. De facto, a própria ideia de avaliação foi criada pelos empregadores. O objetivo era passar de um sistema em que a legislação, a cada passo, ditava à entidade patronal o que fazer para um sistema em que a empresa e os trabalhadores determinassem como trabalhar na avaliação de riscos, na introdução de medidas de precaução e na eliminação de acidentes.

Por sua vez, a legislação não especifica explicitamente o que é um ou outro perigo, mas ao mesmo tempo prevê que uma das melhores medidas preventivas é a divulgação de informação, a sensibilização dos trabalhadores e empresários para estas questões, bem como a disponibilização de informação sobre as melhores práticas. Uma troca de experiências peculiar: o que funciona para prevenir acidentes e o que não funciona.

Em suma, a avaliação dos riscos é fundamental para criar locais de trabalho saudáveis e seguros, consistindo na identificação dos perigos, dos riscos existentes e das formas de prevenção eles. Naturalmente, partimos do facto de que é tecnicamente impossível evitar todos os riscos, incluindo todos os riscos na indústria da soldadura. Mas é necessário realizar um trabalho de investigação colectiva frutuoso sobre a sua prevenção, não só num local de trabalho específico, mas também na produção em geral (ver Figura 1).

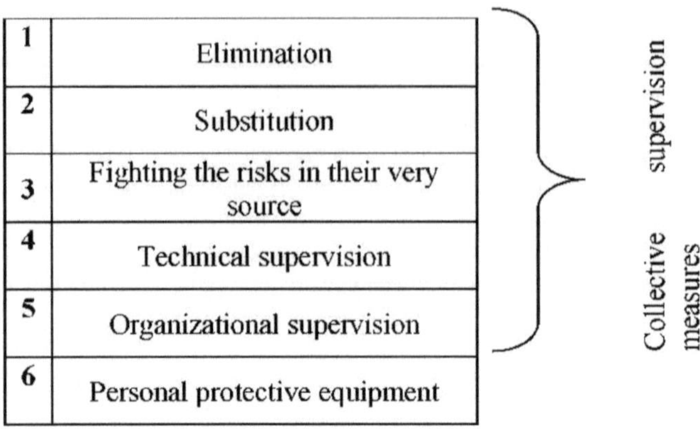

Fig. 1. A hierarquia da prevenção e da classificação na indústria da soldadura.

Outra das formas de prevenir os acidentes de trabalho é a formação em segurança no trabalho, que deve ser ministrada a todos os trabalhadores, sem exceção. Falando do processo educativo, temos também em mente as consultas. Com efeito, a prevenção dos riscos exige consultas que devem ser efectuadas não só pela direção ou pelos gestores, mas também por pessoal experiente e conhecedor daquilo com que se confronta todos os dias. É claro que não devemos esquecer os meios de proteção pessoal.

Recentemente, cada vez mais empresas individuais de produção de soldadura efectuam avaliações de risco. Ao analisar os postos de trabalho com as melhores práticas em matéria de segurança e saúde no trabalho, dois pontos-chave - a vontade da liderança e da gestão de tomar medidas de precaução, bem como o envolvimento direto dos trabalhadores na implementação destas medidas - estão a vir ao de cima.

Os Estados-Membros da UE aplicam na prática a diretiva-quadro acima referida de forma diferente. Não existe um "axioma" - nenhuma abordagem específica ou melhor. Com base neste estudo, verificou-se que 76% das entidades empresariais da UE afirmam que avaliam regularmente os riscos e 90% reconhecem que esta é uma ferramenta útil.

A política de segurança (ou algo do género) existe em 90% das empresas dos Estados-Membros da UE. Mas a diferença reside na forma como algumas empresas utilizam recursos externos para avaliar os riscos.

Por exemplo, no Reino Unido, na Dinamarca e noutros países escandinavos, as políticas de prevenção de acidentes das empresas incluem a avaliação interna dos riscos no local de trabalho. Ao mesmo tempo, na Croácia, em particular, para a avaliação externa dos riscos, os actores externos são envolvidos com mais frequência do que noutros países. Penso que este é um ponto importante, mas é preciso lembrar que ninguém retirou aos empregadores o seu dever de aderir às regras de segurança do trabalho. Acredita-se que quando os empregadores efectuam a avaliação dos riscos no trabalho, esta é a forma mais fácil de os evitar.

Conclusões:

1) Relativamente a alguns riscos, é difícil estimar quanto custará a sua eliminação e qual a relação entre a sua ausência e o facto de serem ou não compensados.

2) O sucesso na avaliação e minimização dos riscos é garantido aos países que, para além de uma boa legislação, dispõem de informação de qualidade, implementam mecanismos e

divulgam as melhores práticas de avaliação de riscos.

3) A implementação da norma harmonizada DSTU ISO 9001: 2015 é particularmente eficaz para a produção de soldadura na Ucrânia.

Fig. 5-3. A secção do laboratório de ensaios da empresa para a emissão de estruturas soldadas.

CAPÍTULO 6

PROBLEMAS DE DESENVOLVIMENTO DO SISTEMA DE REGULAMENTAÇÃO TÉCNICA EM NDT, TD E SOLDADURA DE CONSTRUÇÃO

A reforma do sistema de regulamentação técnica da Ucrânia foi iniciada em 2001, no decurso da transição do sistema administrativo-comando para a economia de mercado. O processo de reforma prossegue até à atualidade. Com a adesão da Ucrânia à Organização Mundial do Comércio (a seguir designada "OMC") em 2008, o governo ucraniano assumiu uma série de compromissos relacionados com a continuação da reforma do sistema de regulamentação técnica. Em especial, a Ucrânia confirmou a sua intenção de aderir às regras e aos princípios do Acordo sobre os Obstáculos Técnicos ao Comércio (a seguir designado "Acordo OTC") da OMC, de tornar o sistema de regulamentação técnica da Ucrânia mais transparente e aberto e de assegurar a harmonização das suas regulamentações e normas técnicas com as normas internacionais, não as utilizando de forma a causar restrições ao comércio internacional que impeçam as importações ou discriminem exportadores e importadores individuais [1, 3].

A análise indica que outro fator que determinou o vetor da reforma do sistema de regulamentação técnica da Ucrânia foi a aproximação deste sistema às normas e regras europeias. Em dezembro de 2005, a Ucrânia assinou um plano de preparação para a conclusão de um Acordo sobre a Avaliação da Conformidade e a Aceitação de Produtos Industriais (a seguir designado por "Acordo ASAA"), que prevê a harmonização do sistema de regulamentação técnica da Ucrânia com a prática da União Europeia (a seguir designada por "UE") para certos tipos de produtos industriais (não alimentares) (a seguir designados por "produtos") abrangidos pela chamada Nova Abordagem. Em particular, foram selecionados quatro sectores prioritários (equipamento de baixa tensão, compatibilidade electromagnética, máquinas e equipamento, recipientes sob pressão simples).

Em março de 2007, foram iniciadas as negociações entre a Ucrânia e a UE sobre a celebração do Acordo de Associação entre a UE e a Ucrânia (a seguir designado por "Acordo de Associação"), que prevê igualmente a criação de uma zona de comércio livre aprofundada e abrangente. Em 30 de março de 2012, o projeto de Acordo de Associação foi rubricado.

A investigação mostrou que, além disso, a Ucrânia enfrenta o desafio de assegurar a competitividade dos produtos manufacturados na Ucrânia, o que só pode ser feito se o investimento for realizado. A harmonização da legislação ucraniana com a legislação e a prática da UE deve assegurar a modernização da economia ucraniana, nomeadamente: criação de condições favoráveis ao desenvolvimento de empresas na Ucrânia e aumento dos investimentos, desenvolvimento da base de produção e aumento da competitividade dos produtos ucranianos (estruturas soldadas) e melhoria da imagem do Estado através da garantia da qualidade e do NDT e TD.

Assim, a necessidade de uma nova reforma do sistema de regulamentação técnica da Ucrânia é largamente determinada por uma combinação de três factores, a saber

- Aproximação do regime regulamentar ucraniano relativo aos produtos aos regimes europeus, a fim de eliminar os obstáculos técnicos ao comércio entre a UE e a Ucrânia;
- compromissos assumidos pela Ucrânia aquando da sua adesão à OMC;
- a necessidade de modernizar a economia através do aumento do investimento e da competitividade dos produtos ucranianos nos mercados mundiais.

De um modo geral, tendo em conta todo o período de implementação das reformas, que durou mais de dez anos, e a intensificação significativa do processo de reforma nos últimos três anos, a situação atual no domínio dos requisitos dos produtos e da sua introdução em circulação pode ser caracterizada desta forma.

Em 2000-2001, foi desenvolvido, adotado e promulgado o primeiro pacote de leis sobre normalização, avaliação da conformidade e acreditação dos organismos de avaliação da conformidade. Em 2005, este pacote legislativo foi complementado pela lei da Ucrânia "sobre normas, regulamentos técnicos e procedimentos de avaliação da conformidade". A adoção do referido pacote legislativo tinha por objetivo assegurar a conformidade da legislação ucraniana neste domínio com o Acordo OTC da OMC.

Em 2000, foi adoptada e entrou em vigor a Lei da Ucrânia "relativa à adesão da Ucrânia ao Acordo relativo à adoção de prescrições técnicas uniformes aplicáveis aos veículos de rodas, aos equipamentos e às peças susceptíveis de serem montados e/ou utilizados num veículo de rodas e às condições para o reconhecimento mútuo das homologações", publicada com base no Regulamento de 1958, com a redação que lhe foi dada em 1995 (a seguir designado "Acordo de Genebra de 1958").

Em 2001, foi adoptada uma resolução do Gabinete de Ministros da Ucrânia, com data de 14.02.2001, n.º 143, "relativa ao procedimento de determinação da lista de prescrições técnicas uniformes aplicáveis aos veículos de rodas, equipamentos e peças que podem ser instalados e/ou utilizados em veículos de rodas".

Em 2 de dezembro de 2010, a Verkhovna Rada da Ucrânia adoptou as Leis da Ucrânia "Sobre a inspeção e o controlo do mercado estatal de produtos não alimentares" e "Sobre a segurança geral dos produtos não alimentares", que entraram em vigor em 6 de julho de 2011. Estas leis consolidaram na legislação ucraniana as disposições relevantes do Regulamento (CE) n.º 765/2008 do Parlamento Europeu e do Conselho que estabelece os requisitos de acreditação e fiscalização do mercado das vendas de produtos e que revoga o Regulamento (CEE) n.º 339 / 93, de 9 de julho de 2008 (doravante - Regulamento 765/2008), a Decisão (UE) 768/2008/CE do Parlamento Europeu e do Conselho que estabelece regras comuns para a implementação de produtos e revoga a Decisão 93/465/CEE do Conselho, de 9 de julho de 2008, e a Diretiva do Parlamento Europeu e do Conselho 2001/95/CE relativa à segurança geral dos produtos, de 3 de dezembro de 2001 p. Assim, o Decreto do Gabinete de Ministros da Ucrânia, de 8 de abril de 1993, n.º 30-93 "Sobre a supervisão estatal do cumprimento de normas, padrões e regras e a responsabilidade por violações" foi declarado inválido, tendo sido introduzido o conceito de supervisão estatal do mercado.

Em 19 de maio de 2011, foi adoptada a Lei da Ucrânia "Sobre a responsabilidade por danos causados por defeitos dos produtos", que entrou em vigor em 17 de setembro de 2011. Esta lei foi elaborada com base na Diretiva 85/374/CEE da UE, de 25 de julho de 1985, relativa à aproximação das disposições legislativas, regulamentares e administrativas dos Estados-Membros em matéria de responsabilidade decorrente dos produtos defeituosos.

Em 22 de dezembro de 2011, a fim de alinhar a legislação com o Regulamento (CE) n.º 765/2008, na parte relativa à acreditação dos organismos de avaliação da conformidade, foi alterada a lei ucraniana "relativa à acreditação dos organismos de avaliação da conformidade".

Em 2 de outubro de 2012, a Verkhovna Rada da Ucrânia adotou a Lei da Ucrânia "relativa à alteração de determinadas leis da Ucrânia no que respeita à supressão do registo das declarações de conformidade", que era uma das obrigações da Ucrânia no âmbito da adesão à OMC. Uma vez que o registo das declarações de conformidade pode criar obstáculos desnecessários ao comércio com a UE, onde não existe qualquer requisito para esse registo. Assim, em abril de 2013, a exigência de registo das declarações de conformidade foi suprimida de todas as regulamentações técnicas adoptadas na Ucrânia.

A Ucrânia ainda se encontra num processo de transição gradual do sistema de certificação obrigatória para o sistema de avaliação da conformidade. No período de 2010 a 2012, uma lista de produtos sujeitos a certificação obrigatória exclui uma série de tipos de produtos que foram sujeitos a avaliação da conformidade de acordo com regulamentos técnicos aceites ou com um baixo nível de risco. No futuro, a lista será reduzida. No futuro (até 1 de janeiro de 2017), a certificação obrigatória será completamente substituída pela utilização de regulamentos técnicos com ou sem uma avaliação de conformidade voluntária, ou cancelada para produtos com um perfil de baixo risco.

Em 2012, com o objetivo de facilitar a harmonização da regulamentação técnica ucraniana com a legislação da UE, o Conselho de Ministros da Ucrânia aprovou as regras para a elaboração de projectos de regulamentação técnica desenvolvidos com base em actos legislativos da UE, que são aprovados pelo Conselho de Ministros da Ucrânia. O Ministério do Desenvolvimento Económico e do Comércio da Ucrânia (a seguir designado "o Ministério do Desenvolvimento Económico e do Comércio") aprovou igualmente recomendações metodológicas para a aplicação das disposições das diretivas da Nova Abordagem Global da UE como regulamentação técnica.

No domínio da legislação setorial, em 2012, foram adoptados na Ucrânia novos regulamentos técnicos sobre compatibilidade electromagnética e equipamento elétrico de baixa tensão e, em 2013, um novo regulamento técnico sobre segurança das máquinas. Estas regulamentações técnicas foram elaboradas com base na legislação comunitária pertinente. O texto do projeto de revisão da regulamentação técnica sobre a segurança dos recipientes sob pressão simples, elaborado com base no ato legislativo pertinente da UE, está atualmente a ser objeto de aprovação entre agências. Após a adoção desta regra técnica, a Ucrânia concluirá o processo de harmonização da sua regulamentação técnica nos domínios prioritários com o plano de ação preparatório do Acordo ACAA.

Aquando da sua adesão à OMC, a Ucrânia comprometeu-se a assegurar a aplicação voluntária de normas. A lei ucraniana "sobre normalização" estipula que as normas são aplicadas numa base voluntária, exceto nos casos em que a aplicação dessas normas exige regulamentação técnica. No entanto, as disposições finais da referida lei estabelecem que os requisitos das normas estatais e de outras normas obrigatórias são válidos até à adoção dos regulamentos técnicos pertinentes e de outros actos jurídicos normativos que regulamentem estas questões.

Em 9 de abril de 2014, a Verkhovna Rada da Ucrânia adoptou a Lei da Ucrânia n.º 1193-VII "Sobre as alterações a determinados actos legislativos da Ucrânia relativos à redução do número de documentos de licenciamento", cuja secção 38 da secção 1 excluía os artigos 4.º a 9.º do Decreto do Gabinete de Ministros da Ucrânia de 10 de maio de 1993 n.º 46-93 "Sobre normalização e certificação" (a seguir designado por "decreto"), ou seja, as disposições do decreto, que estavam previstas, foram abolidas, em especial os requisitos obrigatórios das normas.

Em 5 de junho de 2014, a Verkhovna Rada da Ucrânia adoptou a Lei da Ucrânia n.º 1315-VII "Sobre Normalização", que entrará em vigor em 3 de janeiro de 2015. De acordo com esta lei, as normas nacionais são aplicadas numa base voluntária, exceto nos casos em que a aplicação obrigatória das mesmas é estabelecida por actos regulamentares.

A análise como um todo provou que esta lei tem como objetivo assegurar a formação e a implementação da política estatal no domínio relevante (soldadura e NDT e TD de estruturas soldadas). (Fig. 6-6)

O Fundo Nacional de Normas tem 27,5 mil documentos, dos quais cerca de 7,5 mil normas nacionais estão harmonizadas com as internacionais e europeias, e 12 mil são normas intergovernamentais GOST, que foram desenvolvidas antes de 1992. Devido a uma série de razões, houve um atraso na adoção de normas nacionais harmonizadas com as internacionais e europeias, bem como na revisão e abolição de normas GOST desactualizadas.

Em maio de 2001, foi adoptada a lei ucraniana "relativa à acreditação dos organismos de avaliação da conformidade", após o que, em 2002, foi criado na Ucrânia um organismo nacional de acreditação único e independente, a Agência Nacional de Acreditação da Ucrânia (a seguir designada "NAAU"). Tal como acima referido, em dezembro de 2011, foram introduzidas alterações à Lei da Ucrânia "relativa à acreditação dos organismos de avaliação da conformidade", a fim de reforçar a independência da NAAU, alargar o seu âmbito de actividades e assegurar o cumprimento do Regulamento (CE) n.º 765/2008 da UE.

Assim, de acordo com o Decreto do Presidente da Ucrânia de 9.12.2010 N° 1085 "Sobre a otimização do sistema de autoridades executivas centrais" através da reorganização do Comité Estatal da Ucrânia sobre regulamentação técnica e política dos consumidores, foi criado o Serviço Estatal de Regulamentação Técnica da Ucrânia, que por sua vez foi eliminado em conformidade com o Decreto do Presidente da Ucrânia de 6 de abril, 2011 JV" 370 "A questão da otimização do sistema das autoridades executivas centrais" (a seguir designado por "Decreto"), e as suas funções, em conformidade com o n.º 3 do artigo 2.º do Decreto (exceto as funções de realização da política estatal de controlo estatal no domínio da proteção dos direitos dos consumidores), são confiadas, em particular, ao Ministério do Desenvolvimento Económico e do Comércio da Ucrânia.

Em 13 de abril de 2011, o Decreto do Presidente da Ucrânia aprovou os Regulamentos sobre a Inspeção Estatal da Ucrânia sobre a Proteção dos Direitos dos Consumidores, que, de acordo com as tarefas que lhe são confiadas, realiza a supervisão do mercado estatal no âmbito da sua responsabilidade e, no âmbito da sua competência, exerce a supervisão estatal sobre a observância dos regulamentos técnicos, normas, padrões e regras.

Estas alterações conduziram à separação das funções de normalização, avaliação da conformidade e fiscalização do mercado estatal entre diferentes autoridades, a fim de evitar conflitos de interesses.

Em junho de 2011, em conformidade com a lei ucraniana "Sobre a inspeção e o controlo do mercado estatal de produtos não alimentares", o Conselho de Ministros da Ucrânia aprovou a lista de organismos de supervisão do mercado estatal e as respectivas áreas de responsabilidade. Esta abordagem é aplicada em muitos países da UE. Além disso, é conveniente para as entidades empresariais, que sabem agora qual o organismo de supervisão do mercado estatal responsável pelo cumprimento dos requisitos de uma regulamentação técnica específica.

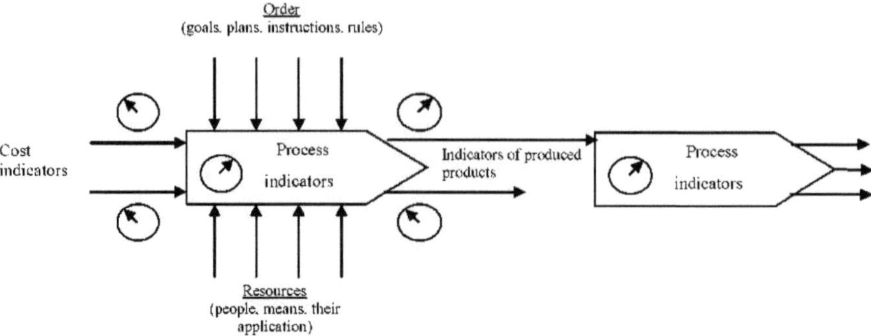

Fig. 1. Identificação de indicadores de produtos produzidos, custos e processo.

No sistema de qualidade da produção, reparação e instalação de estruturas soldadas, deve ser dada especial atenção aos indicadores dos produtos fabricados, dos custos e dos processos necessários para o controlo dos processos. Para os custos verticais, seria igualmente útil dispor de indicadores. No que diz respeito aos "recursos", serão úteis indicadores de quantidade para o relatório contabilístico e indicadores de conformidade para o controlo da qualidade. Tanto os recursos como os indicadores de regulamentação serão utilizados para auditorias periódicas e para a autoavaliação de diagnóstico na produção de soldadura [2].

Em 2012, foram realizados alguns progressos na regulamentação das actividades de avaliação da conformidade. Adoptada em dezembro de 2011, a Lei da Ucrânia "relativa a alterações a determinadas leis da Ucrânia no que respeita à acreditação dos organismos de avaliação da conformidade" estabeleceu a acreditação obrigatória dos organismos de avaliação da conformidade que solicitam a sua nomeação pela NAAU e, no caso de a NAAU não proceder à acreditação dos tipos de actividades de avaliação da conformidade pertinentes, por um organismo nacional de acreditação de outro Estado. Esta medida aumentou a confiança nos resultados do trabalho efectuado pelos organismos de avaliação da conformidade designados. Atualmente, cerca de 80 organismos de avaliação da conformidade designados trabalham no mercado para prestar serviços de avaliação da conformidade com os requisitos das regulamentações técnicas da Ucrânia, muitos dos quais são propriedade privada.

Apesar dos progressos registados nos últimos anos na reforma do sistema de regulamentação técnica da Ucrânia, a necessidade de novas alterações continua na ordem do dia, pelo que foi necessário adotar uma nova estratégia para o desenvolvimento do sistema de regulamentação técnica da Ucrânia para o período até 2018, com base nos resultados obtidos e tendo em conta as novas oportunidades abertas à Ucrânia em resultado da adesão à OMC e as perspectivas após a assinatura do Acordo de Associação.

A fim de regular as relações que surgem no processo de atividade metrológica na Ucrânia, em 5 de junho de 2014 foi adoptada a Lei "Sobre Metrologia e Atividade Metrológica" n.º 1314-VII.

CONCLUSÕES

1. Face aos progressos registados na Europa, em comparação com a década de 80, em termos de melhoria contínua dos métodos e práticas de gestão da qualidade, os autores deste estudo ficaram extremamente surpreendidos por encontrarem um número tão elevado de organizações, "desinteressadas e sem formação no domínio da TQM". Parece que estas

organizações desenvolveram imunidade em relação ao desenvolvimento estimulante dos factores identificados em 1993 por Lassellz e Dale [3], entre os quais se destacam:

- responsabilidade de liderança;
- concorrência;
- exigente dos clientes;
- requisitos de limpeza ambiental das empresas;
- a situação de um novo arranque da economia.

2. Parece também que estas organizações permanecem insensíveis à enorme popularidade que o movimento da qualidade ganhou desde meados dos anos 80, bem como às várias iniciativas dos governos europeus no domínio da qualidade, da competitividade, do intercâmbio de tecnologias, da criação de prémios europeus de qualidade e da introdução de modelos de excelência empresarial. Se estas organizações foram encontradas de forma quase acidental, o facto de existirem muitas empresas deste tipo em toda a Europa leva a sérias reflexões.

3. É óbvio que a base deste problema é a necessidade de mudar a atitude em relação às questões estudadas pelos níveis superiores e médios de gestão de empresas semelhantes. Estes dirigentes têm relutância em dialogar com os executivos de empresas que praticam os métodos de gestão mais avançados, uma forma de pensar desactualizada e uma má compreensão da experiência avançada do mercado no domínio da qualidade.

4. O que é que se pode fazer para melhorar o nível de competências destes gestores e a sua consciência da necessidade de mudança? A melhor forma de resolver este problema consiste no seu envolvimento gradual em técnicas de gestão modernas ao longo de um determinado período de tempo. Uma das formas possíveis de o fazer é o envolvimento de estudantes universitários na empresa. Os gestores não vêem os estudantes como uma ameaça, mas as novas ideias que normalmente surgem no processo de comunicação com eles podem servir de sementes para a implementação harmoniosa das mudanças na empresa. Ao mesmo tempo, a concretização deste tipo de cooperação continua a ser uma tarefa difícil se a direção da empresa, pelas razões acima referidas, ainda não estiver convencida do valor das ideias modernas.

5. Os novos requisitos de eficiência empresarial levam as empresas a procurar formas de reduzir os custos de produção, a introduzir novos produtos e, simultaneamente, a aumentar rapidamente a flexibilidade dos principais processos de produção. A necessidade de mudanças tão rápidas é muito difícil de aceitar, pois requerem investimentos significativos na produção e no pessoal, o que parece ser indesejável para muitas pessoas. Os gestores são obrigados a começar a preparar-se antecipadamente para possíveis mudanças, de modo a que, quando estas entrarem na ordem do dia, estejam preparados para aceitar a sua necessidade.

6. O resultado final de uma aplicação bem sucedida do conceito TQM é o aumento da produtividade e da flexibilidade da empresa. Foi isto que ajudou a conseguir, no passado, abordagens bem desenvolvidas da gestão global da qualidade. Neste momento, a EFQM está a tentar atrair o maior número possível de empresas para a introdução das ideias da TQM, promovendo-as como um meio de alcançar a excelência empresarial. Mas para as organizações referidas neste artigo, a sobrevivência no mercado exige algo mais do que a perfeição empresarial. E mesmo que introduzam algumas das ferramentas e métodos mais simples de gestão da qualidade, não estarão preparadas para responder a novos desafios. Por conseguinte, são obrigadas a reconstruir-se o mais rapidamente possível. (Fig. 67)

7. As normas ISO são um instrumento político, enquanto o modelo de perfeição empresarial da EFQM representa um instrumento de trabalho para a empresa (Fig. 2) [4].

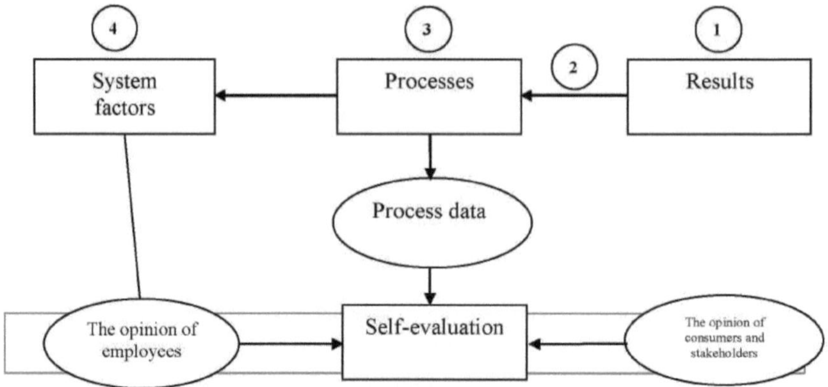

Fig. 2. O processo de autoavaliação. Quatro etapas do processo de avaliação do sistema de END e TD e da soldadura de construção.
1 passo RESULTADOS
2 passo DOS RESULTADOS AOS PROCESSOS
PROCESSOS em 3 etapas
4 passos FUNÇÕES DO SISTEMA

Fig. 6-6. Laboratório de ensaios mecânicos na empresa para avaliação de estruturas soldadas.

Fig. 6-7. Amostra da junta soldada para os parâmetros de ensaio.

Fig. 6-8. A segunda secção do laboratório de ensaios antes de testar o conjunto de amostras.

CAPÍTULO 7

PROBLEMAS DE MELHORIA DA QUALIDADE DE EXECUÇÃO DOS SERVIÇOS TÉCNICOS DE INSTALAÇÃO E DE DIAGNÓSTICO EM ENERGIA COM VISTA À SEGURANÇA DAS CONSTRUÇÕES SOLDADAS

São considerados os problemas de desenvolvimento da economia de mercado. É demonstrado que a solução bem sucedida do problema da melhoria da qualidade, competitividade e segurança das estruturas soldadas é determinada pela eficácia do sistema de organização e controlo no fabrico, montagem, NDT e reparação.

Nas condições da necessidade de as empresas industriais ucranianas entrarem no mercado mundial, o problema atual é a melhoria da qualidade dos produtos e a conformidade das suas caraterísticas com as normas internacionais. Como se sabe, uma das formas eficazes de resolver este problema é a introdução de um sistema de gestão da qualidade em conformidade com a norma ISO 9001:2015. A preparação da empresa e a introdução deste sistema permitem [7]:

- melhorar a qualidade dos produtos e criar condições para o seu crescimento contínuo;
- para assegurar um abastecimento estável e a qualidade das matérias-primas, dos componentes e das estruturas soldadas;
- estabelecer parcerias comerciais com os clientes, o que aumentará a competitividade dos produtos e serviços técnicos;
- para criar um sistema harmonioso de gestão empresarial. [8].

Tal como evidenciado pela experiência de desenvolvimento de uma economia de mercado, uma solução bem sucedida para o problema da melhoria da qualidade, competitividade e segurança de uma estrutura soldada é determinada pela eficácia da organização e do sistema de gestão na produção, instalação e reparação.

O desenvolvimento de uma estratégia de concorrência está em grande parte relacionado com a definição de uma formulação ampla do que será a empresa, quais os objectivos a atingir e qual a política de qualidade necessária para o conseguir.

Fig. 1. A "roda da estratégia" da concorrência [1].

A Fig. 1 mostra que a estratégia de concorrência na produção de soldadura é uma combinação do objetivo final da organização (empresa) e dos meios através dos quais pretende atingir este objetivo - assegurar fornecimentos estáveis e qualidade de matérias-primas, componentes ou montagem de estruturas soldadas. A "roda da estratégia" apresentada define os principais aspectos da estratégia de concorrência da empresa. O centro descreve os objectivos da empresa, que definem claramente como a empresa quer competir e quais são os seus objectivos técnicos, económicos e supereconómicos competitivos. Os "raios da roda" são as principais ferramentas operacionais para a empresa atingir estes objectivos. Em cada rubrica, é apresentada uma lista condensada das principais ferramentas operacionais nesta área funcional [6].

Na Fig. 2, afirma-se que, ao mais alto nível da formulação da estratégia de teste, existem três factores principais que determinam os limites do sucesso da organização. Os pontos fortes e fracos da empresa são a natureza dos seus activos e experiência, em comparação com os concorrentes, incluindo recursos financeiros, competência no domínio do petróleo e do gás, o estado dos processos de soldadura (WPS), a disponibilidade de um sistema de gestão da qualidade (ISO 9001:2015).

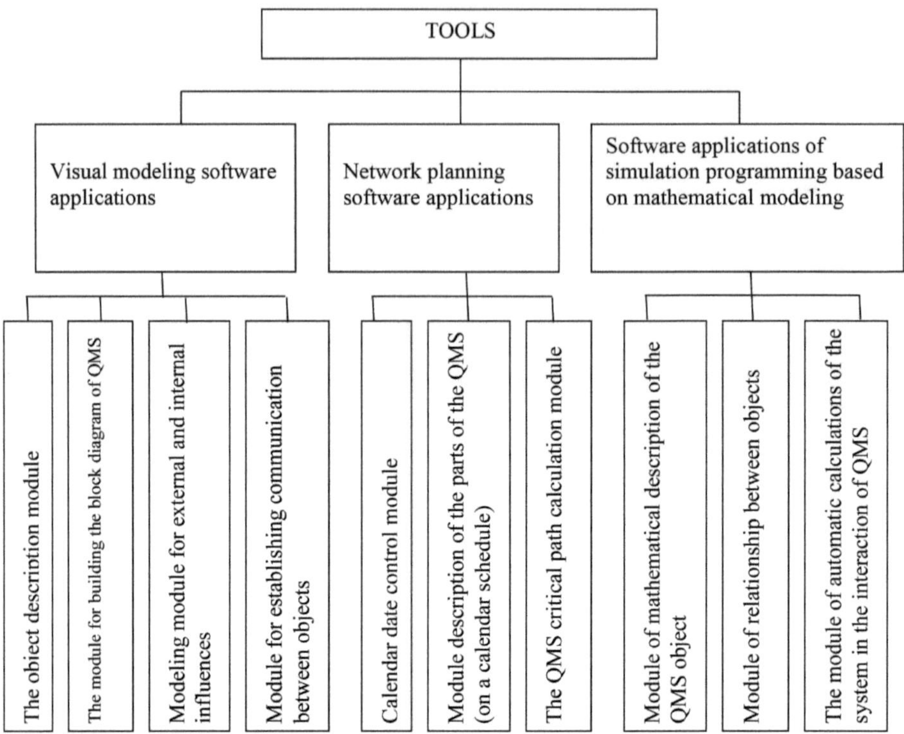

Fig. 2. Components of the classification of tools for testing welded structures.

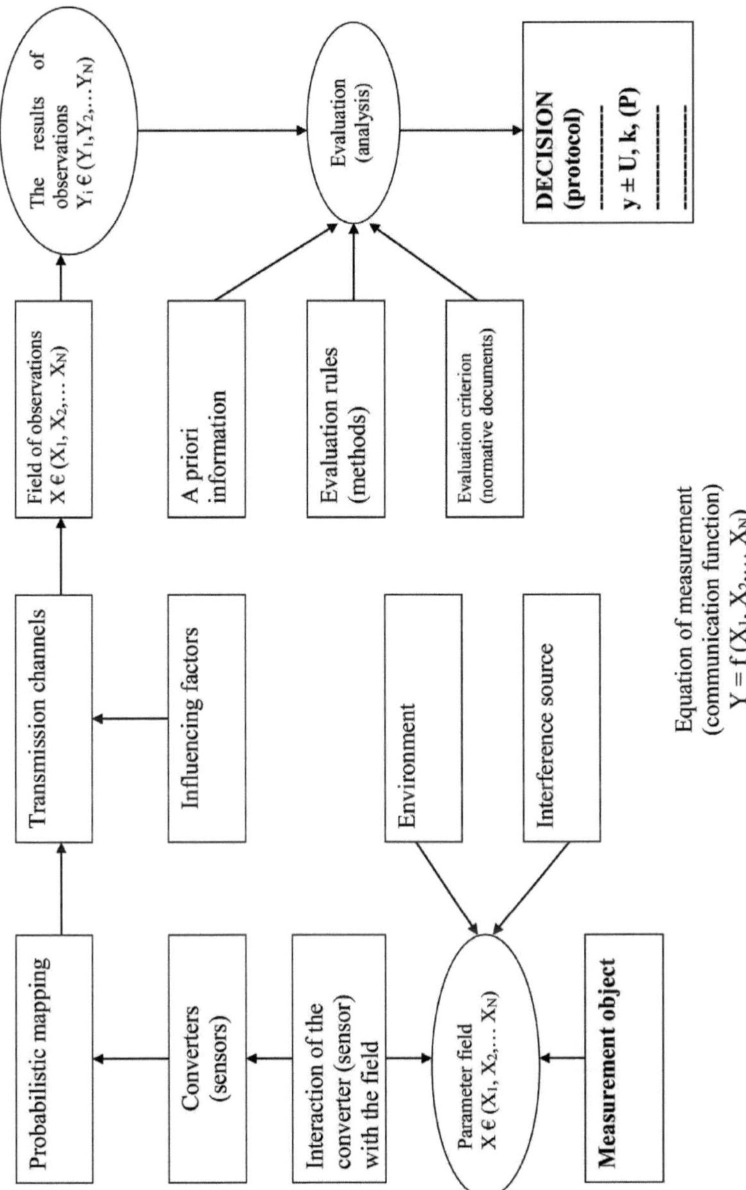

Fig. 3. O procedimento de medição e teste numa apresentação moderna.

Os valores pessoais da organização são factores de motivação, requisitos dos gestores e outros funcionários que devem implementar a estratégia escolhida e o sistema de gestão da qualidade (DSTU ISO 9001, DSTU ISO 3834). Os pontos fortes e fracos, em conjunto com as orientações de valor do sistema de gestão da qualidade, determinam as estratégias de concorrência de fronteira internas (para a empresa) que esta pode pôr em prática com êxito na prestação de serviços técnicos no domínio dos END e TD, bem como da soldadura de estruturas (para reparação e instalação) (Figura 4).

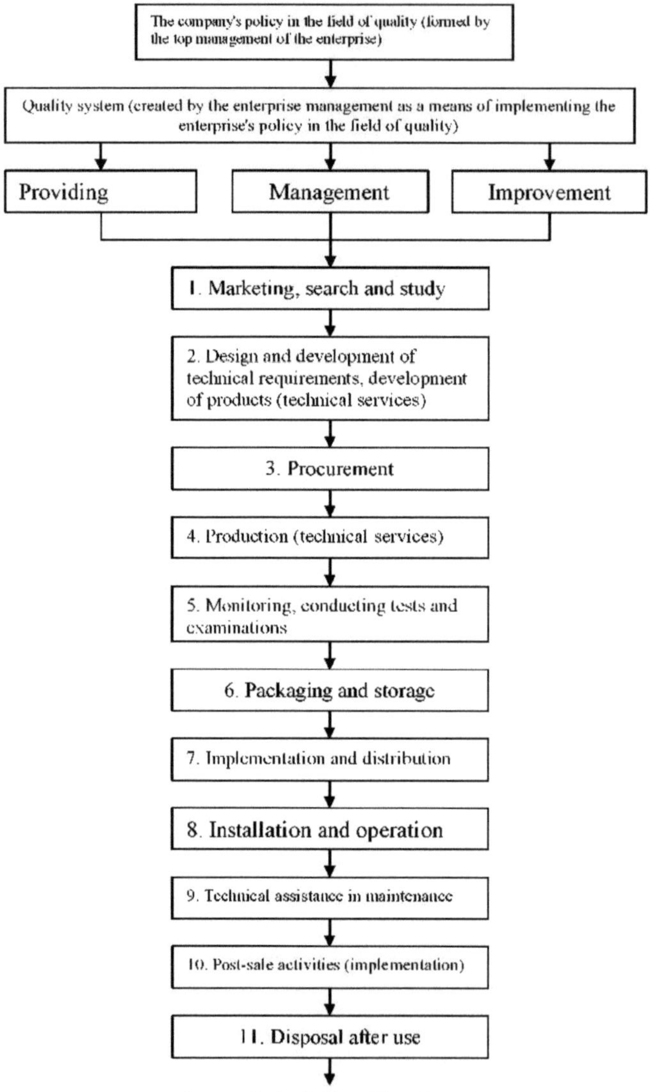

Fig. 4. Algoritmo geral - um modelo de um conjunto completo de trabalhos realizados no desenvolvimento e aplicação de um sistema de qualidade na produção de soldadura.

As normas DSTU ISO 3834 "Requisitos de qualidade para a soldadura por fusão de materiais metálicos" especificam os requisitos para o sistema de qualidade baseado nas normas da série DSTU ISO 9000 para a produção de soldadura. Fornecem ao sistema de gestão da produção os critérios para estimar os meios de alcançar a qualidade estabelecida por empresas e organizações que realizam soldadura, instalação, trabalhos de reparação (serviços), NDT e TD.

No	Title of position	Summary of the position
1	Justification of quality management systems	Quality systems should help organizations improve customer satisfaction, who need a product with such characteristics that meet their needs and expectations
2	Requirements for quality systems and product	Requirements for quality systems are common. The standard requirements for the product are not installed
3	Approach from the perspective of the quality system	The approach for developing and implementing a quality system consists of certain stages
4	Approach from the perspective of the process	For the effective functioning of an organization, it is necessary to identify the many interconnected and those that interact with each other, processes and manage them
5	Policies and tasks in the field of quality	The policy and objectives in the field of quality determine the direction of the organization's activities
6	The place of top management in the quality	Thanks to leadership and the measures that are being taken, senior management can create an effective environment for the full involvement of employees and the functioning of the quality system
7	Documentation	Documentation allows the promulgation of intentions and coherence of actions with normative documents
8	Quality systems assessment	The evaluation of the quality system can have a different scope and cover a variety of activities, for example, audit, system analysis or self-assessment
9	Continuous improvement	The goal of continuous improvement of the quality system is to increase the likelihood of increasing the satisfaction of consumers and other stakeholders

10	The role of statistical methods	The use of statistical methods can contribute to an understanding of variability, and thus - to help organizations to eliminate difficulties and increase efficiency and effectiveness (regulation)
11	Quality systems and other objects of focus of the management	Different sections of the organization's management system in combination with the quality management system can form a unified management system with common elements of the system
12	The relationship between quality systems and models of	Both approaches: allow the organization to determine its strengths and weaknesses; provide a comparison with common models, provide a basis for continuous improvement; provide for external recognition

Tabela 1. Modelo do conjunto total de trabalhos efectuados no desenvolvimento e aplicação de sistemas de gestão da qualidade. (Fig. 7-4; 7-11)

A conformidade com os requisitos das séries de normas DSTU ISO 9004-2 e DSTU ISO 3834 na produção de soldadura é impossível sem a confirmação da conformidade dos serviços com a norma ISO 14731 "Coordenação de soldadura. Tarefas e responsabilidades". Esta norma especifica os requisitos para a coordenação das operações de soldadura e fornece recomendações para o cumprimento desses requisitos.

De acordo com a norma ISO 14731, as tarefas e responsabilidades do pessoal cujas actividades estão relacionadas com a soldadura e o controlo (incluindo o planeamento, a gestão, a supervisão e o controlo) devem ser claramente definidas [3].

O principal problema na construção de um sistema de gestão da qualidade é a definição de tarefas e responsabilidades que têm como objetivo garantir a qualidade da estrutura (serviços). Por conseguinte, estão incluídas na coordenação das actividades de produção relacionadas com a soldadura e o controlo (Quadro 1).

Os princípios de coordenação das operações de soldadura podem ser estabelecidos pelo fabricante, por contrato ou pela norma de produto no fabrico ou montagem de estruturas responsáveis e pelo "Manual de Qualidade" (ISO 9001:2015) de uma empresa (firma).

É introduzido o termo "pessoal para a coordenação das operações de soldadura" (pessoal responsável pelas operações de soldadura, END e DT, a atividade relacionada com a soldadura, cuja competência e conhecimentos são confirmados por formação, educação ou experiência de produção relevante e certificação e o auditor interno da qualidade [3]).

O sistema apresentado no Quadro 1 pode ser utilizado como guia para a atribuição de tarefas e responsabilidades entre o pessoal de auditoria interna, a coordenação dos trabalhos de soldadura, os END e a TD. Pode ser complementado se existirem requisitos especiais do cliente no contrato.

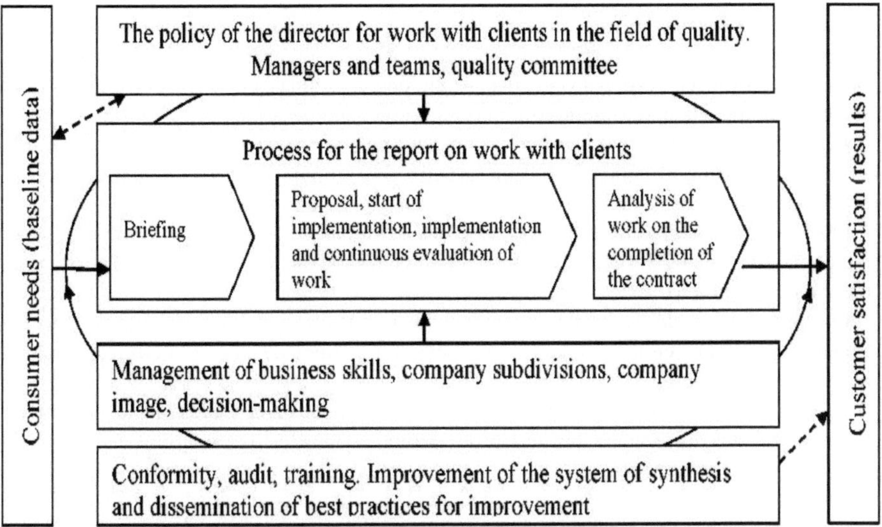

Fig. 5. Sistema de gestão da qualidade baseado na norma ISO 9001.

O fabricante deve designar pelo menos um responsável pela auditoria e controlo internos, com direito a assinar documentos tecnológicos especiais. Para todas as tarefas específicas, o pessoal deve possuir os conhecimentos técnicos adequados, suficientes para o desempenho satisfatório das suas funções, e ser certificado. O volume de experiência de produção, a formação e os conhecimentos técnicos necessários devem ser estabelecidos por uma organização especializada e dependem das tarefas e responsabilidades específicas dos especialistas.

Como resultado, a empresa poderá reforçar a sua posição competitiva e também obter um aumento da satisfação do cliente após a soldadura, o END e a TD das construções (Figura 5).

De acordo com a lei da concorrência no mundo, existe um processo objetivo de melhorar a qualidade dos serviços técnicos e reduzir o seu preço unitário. A concorrência contribui para "lavar" do mercado os serviços técnicos caros e de baixa qualidade.

Existem três abordagens para a definição de concorrência. A primeira define a concorrência como a concorrência no mercado dos serviços técnicos. A segunda considera a concorrência como um elemento de um mecanismo de mercado que permite equilibrar a oferta e a procura. A terceira abordagem define a concorrência como um critério pelo qual se determina o tipo de mercado do sector.

A primeira abordagem é a mais comum e baseia-se numa compreensão quotidiana da concorrência como uma rivalidade para obter melhores resultados no mercado dos serviços técnicos de instalação e de END.

A base da competitividade é a qualidade dos serviços técnicos. Para além da qualidade, o conceito de competitividade inclui o preço, os prazos de execução dos trabalhos, as garantias, a assistência técnica e uma série de outros elementos. Mas, ao mesmo tempo, a qualidade dos serviços é decisiva quando o consumidor escolhe o serviço técnico de que necessita.

É impossível contar com uma garantia de qualidade estável dos serviços técnicos sem implementar um sistema de gestão da qualidade que corresponda ao nível de trabalho organizacional no domínio da soldadura, dos END e do diagnóstico, em conformidade com as normas DSTU ISO 9004-2, DSTU ISO 3834, DSTU ISO 14731 [5] e com a formação dos quadros superiores para a experiência mundial de melhoria.

A aplicação correta das três estratégias comuns exige recursos e competências diferentes. As estratégias gerais também prevêem diferentes disposições organizacionais, procedimentos de controlo e sistemas de medição, pelo que, para serem bem sucedidas, uma destas estratégias deve ser perseguida como objetivo principal.

Para o controlo eficaz das estruturas soldadas, deve ser seguido um sistema de controlo que abranja as avaliações de todos os trabalhos, materiais e equipamentos utilizados para realizar os processos tecnológicos. [10].

O controlo do fabrico de estruturas soldadas em todas as fases de fabrico é reduzido a: entrada, operacional, laboratorial, aceitação e entrada em funcionamento e é aplicado de acordo com o esquema (Figura 3).

O capital intelectual e o capital emocional das coisas estão intimamente relacionados. O Sr. Thomas Stewart, no seu livro, fala da existência de três tipos de capital intelectual: "capital humano"; "capital estrutural"; "capital do consumidor".

O "capital humano" é um conceito único que descreve dois fenómenos: o que pensamos e o que sentimos. Estes dois fenómenos têm de ser definidos e avaliados em termos da mais-valia que a organização (empresa) traz.

Isto prova, mais uma vez, que é o conhecimento no domínio da soldadura, NTD e TD que deve ser utilizado para aumentar o valor da empresa e melhorar as hipóteses de sobreviver à crise económica global. E o conhecimento que se esconde na cabeça das pessoas só é valioso quando o pessoal o quer utilizar. Tudo isto é evidente para a prestação de serviços técnicos e a melhoria das empresas ao abrigo da norma ISO 9001:2015.

Conclusões.

1. Diagnosticar os objectivos dos concorrentes, bem como a forma como atingem esses objectivos, ou seja, a primeira componente da análise da concorrência, é importante por muitas razões e especialmente para medições e testes de estruturas (Fig. 3).

2. Conhecer os objectivos do concorrente ajudará a antecipar a sua reação às mudanças de estratégia. Algumas mudanças estratégicas ameaçarão o concorrente mais do que outras, tendo em conta os objectivos de governação da empresa e a pressão exercida pelo concorrente.

3. A atenção das empresas é mais frequentemente dirigida para os objectivos financeiros, no entanto, o diagnóstico geral dos objectivos do concorrente inclui normalmente factores muito mais qualitativos, por exemplo, objectivos em termos de liderança de mercado, condição tecnológica, atividade social e utilização de equipamento moderno.

4. É impossível contar com uma garantia de qualidade estável dos serviços técnicos sem a implementação de um sistema de gestão da qualidade que satisfaça o nível atual de trabalho organizacional no domínio da soldadura e do diagnóstico, de acordo com as normas DSTU ISO 9004-2, DSTU ISO 3834, DSTU ISO 14731, sem criar mecanismos de motivação do pessoal e das organizações para a melhoria contínua da qualidade dos serviços de instalação e reparação de equipamento energético. [7-9].

Fig. 7-4. Conjunto de amostras de estruturas soldadas para a análise do estado dos processos

tecnológicos.

Fig. 7-11. O processo de fixação do tambor da caldeira no local de soldadura.

Fig. 7-20. Amostra de tambor de caldeira após soldadura de acordo com os requisitos dos documentos normativos para avaliar o nível de qualidade.

CAPÍTULO 8

PROBLEMAS DE GARANTIA DE QUALIDADE E AVALIAÇÃO DE ESTRUTURAS SOLDADAS COM BASE EM NOVAS NORMAS E REGULAMENTOS TÉCNICOS.

A principal tarefa no contexto da crise global é a criação de um sistema para a generalização e divulgação das melhores práticas para melhorar a produção de soldadura. A norma [1] entrou em vigor na Ucrânia, cujos requisitos devem ser cumpridos pelos laboratórios de ensaio (TL) sob acreditação. Asseguram igualmente o funcionamento de sistemas especializados no domínio dos ensaios não destrutivos e dos diagnósticos técnicos (END e DT) na produção de soldadura com base nos requisitos das normas e nos requisitos técnicos dos documentos regulamentares.

O sistema pericial é um sistema que combina conhecimentos, experiência especializada e capacidades de análise com a ajuda de bases de dados e de um computador pessoal, sob a forma de um programa que oferece recomendações e soluções para problemas de segurança para avaliar o estado de objectos críticos [2, 3].

O perito técnico é uma pessoa que possui conhecimentos ou experiência especiais no grupo de auditoria [4].

Os principais métodos de trabalho de um perito técnico que utiliza um sistema pericial (avaliação de objectos que esgotaram um recurso individual) são

- monitorizar o estado do objeto;
- entrevistar o pessoal da organização;
- recolha de provas objectivas - testes;
- análise dos resultados dos ensaios com base nos requisitos dos documentos regulamentares;
- síntese (compilação do "parecer do perito").

A competência do perito baseia-se em conhecimentos, aptidões e capacidades.

A conceção de sistemas periciais é um processo associado ao progresso no desenvolvimento da análise através de um produto de software, um computador pessoal, que abriu a possibilidade de criar bases de dados baseadas em conhecimentos no domínio dos requisitos específicos de produtos e construções, requisitos de normas (documentos regulamentares).

Os sistemas periciais, enquanto processo de análise do funcionamento de objectos, eram anteriormente orientados para poderosos complexos informáticos fixos [3].

Atualmente, é possível resolver o problema da avaliação do estado das estruturas soldadas com a vida útil expirada com a ajuda de um sistema pericial e determinar se a instalação tem uma margem de fiabilidade suficiente e um recurso residual com base nos dados de medição (NDT e TD) e na monitorização. (Fig. 8-16)

Recentemente, a utilização adicional da medição da dureza e da espessura tem sido amplamente utilizada para determinar o recurso residual.

Para determinar o recurso residual pelo método de ensaio de dureza, recomenda-se a obtenção prévia de uma distribuição de dureza na secção da junta soldada. Na presença de dependências de correlação entre a dureza e outras propriedades mecânicas simples, é possível avaliar o nível de resistência e fiabilidade de zonas individuais de estruturas soldadas, o grau de heterogeneidade das propriedades mecânicas da junta soldada na degradação do material. De acordo com os resultados das medições de dureza, também se pode avaliar o estado estrutural do metal em construção [5]. Este é um indicador adicional do recurso residual do produto.

O procedimento de ensaio e medição da dureza (por indentação) é considerado como um tipo de ensaio mecânico que requer o cálculo da incerteza do método e a calibração (periodicamente ou a intervalos especificados) antes da utilização, de acordo com normas internacionais ou nacionalmente reconhecidas.

Os requisitos para os resultados do ensaio de dureza do metal são dados em documentos regulamentares no domínio da soldadura, NDT e TD de várias construções:

- "a dureza numa pirâmide de diamante não é superior a 350 unidades" [6, ponto 1.30];
- "sobre a dureza (HB) do metal de solda e a zona de influência térmica da junta soldada de aço de baixa liga (não menos de quatro pontos) - 1" [7, ponto 8.68];
- "A medição da dureza do metal de base e das juntas soldadas é efectuada para verificar a qualidade do tratamento térmico das juntas soldadas ou dos produtos (produtos semi-acabados)" [8, ponto 10.89].
- "Os materiais de soldadura utilizados para a soldadura devem garantir que as propriedades mecânicas do metal de adição e da junta soldada (resistência à tração, alongamento, ângulo de flexão, resistência ao impacto, dureza) não sejam inferiores ao limite inferior das propriedades especificadas do metal de base da estrutura estabelecidas para esta classe de aço por normas ou condições técnicas" [9, ponto 5.5.2].

"O metal principal e as soldaduras de metal estão sujeitos à medição da dureza de juntas feitas de aços resistentes ao calor dopados das classes de perlite e martensite-ferrite por métodos e em volume, que são estabelecidos por documentos regulamentares" [10, item 10.90];

Analisando os requisitos da norma [1] para ensaios e laboratórios, é necessário dar prioridade ao desenvolvimento de procedimentos adicionais, por exemplo, o desenvolvimento de um procedimento para avaliar a incerteza de medição dos métodos de ensaio e os resultados fiáveis, com vista a escolher um melhor na preparação das investigações [1, 10].

Recomenda-se igualmente a utilização de um conceito e de uma metodologia que excluam a possibilidade de consequências negativas de resultados de medição inexactos em END e DT. A probabilidade de desvio de um resultado ou acontecimento fiável é determinada pelo risco descrito em [11]. O risco é uma combinação da probabilidade de um acontecimento e das suas consequências [12].

Na análise, é necessário ter em conta que existem diferentes tipos de riscos na engenharia:

a) o risco do fornecedor (fabricante) e do consumidor (cliente). Associado à extensão dos danos possíveis após um acidente;

b) risco como uma circunstância indesejável que é possível durante a execução do projeto (não cumprir os prazos e/ou montantes de financiamento) para a reparação e funcionamento da estrutura soldada;

c) o risco de consequências críticas após uma utilização prolongada de estruturas soldadas (tendo em conta a probabilidade de ocorrência de eventos críticos e a dimensão dos possíveis danos). Um acontecimento crítico é uma falha crítica.

Recomenda-se que a gestão do risco seja utilizada para coordenar as acções da gestão na gestão da LA sobre END e DT. Simultaneamente, a análise das informações obtidas como resultado do controlo do processo de medição de uma estrutura soldada é sistematicamente utilizada para determinar as fontes de não conformidade e para realizar uma avaliação quantitativa do risco para o consumidor.

O processo de ajuste e implementação de acções preventivas está associado a um risco e tem como objetivo minimizar os efeitos negativos e maximizar a utilização dos efeitos positivos obtidos durante a monitorização da estrutura soldada (Figura 1).

O processo cíclico da análise de risco final para a monitorização de estruturas soldadas inclui seis fases:

1. Definição do âmbito dos métodos de medição e ensaio para construções soldadas.

2. Identificação dos riscos e avaliação preliminar das consequências de uma falha de construção.

3. Avaliação da magnitude do risco de cada discrepância (defeito).

4. Verificação dos resultados da análise (ensaio da estrutura soldada). (Fig. 8-19)

5. Documentação dos resultados (protocolos) e justificação dos resultados das medições e dos ensaios da estrutura soldada.

6. Correção dos resultados da análise tendo em conta os últimos dados de medição obtidos para END e TD de estruturas soldadas.

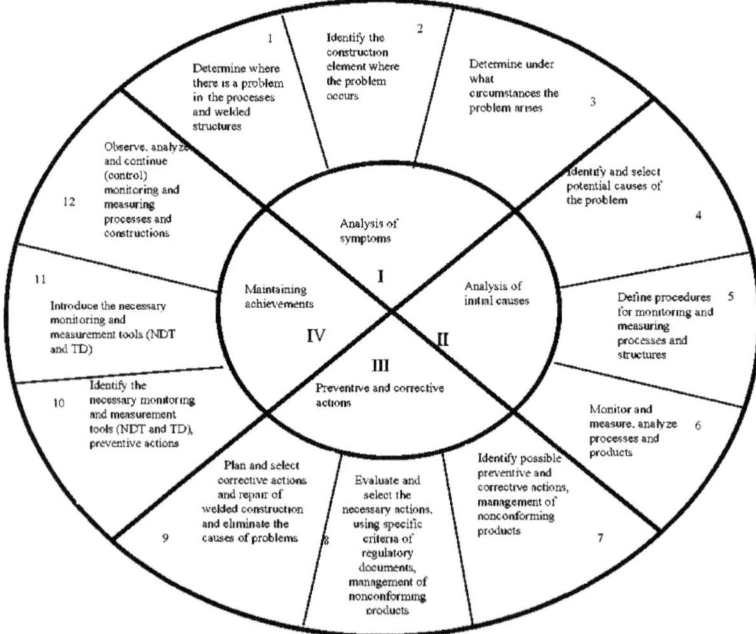

Fig. 1. Um conjunto de acções corretivas e preventivas no processo de soldadura da estrutura (reparação)

Ao testar uma estrutura soldada, recomenda-se a implementação dos seguintes passos na análise de risco:

• identificar eventuais defeitos de conceção, estudar as causas, os mecanismos, as condições de origem e de desenvolvimento;

• determinar as possíveis consequências da ocorrência de macrodefeitos, efetuar uma análise qualitativa do perigo dos defeitos e (ou) quantificar a sua criticidade (risco);

• compilar e atualizar periodicamente as listas de elementos críticos da estrutura soldada e os processos tecnológicos utilizados para a soldadura durante a reparação e a inspeção;

• elaborar recomendações para introduzir alterações na conceção e (ou) na tecnologia de funcionamento da estrutura e dos seus componentes, com o objetivo de reduzir a probabilidade e (ou) a gravidade das consequências (risco) da ocorrência de macrodefeitos, avaliar a eficácia das reparações anteriores;

• avaliar a adequação do controlo e das operações de diagnóstico e correção (preventivas) necessárias para evitar o aparecimento de defeitos na estrutura soldada;

• analisar as regras de comportamento do pessoal em situações de emergência, causadas pelo aparecimento de possíveis defeitos fornecidos pela documentação operacional. Ao fazê-lo, desenvolver propostas para melhorar as técnicas de monitorização e medição ou fazer alterações adequadas à documentação operacional na ausência de regras para o comportamento do pessoal;

• realizar uma análise consistente de possíveis erros do pessoal da estrutura em utilização e avaliar as suas possíveis consequências, desenvolver propostas para melhorar a construção e introduzir meios adicionais de proteção contra erros do pessoal, bem como para melhorar os procedimentos e processos documentados.

Assim, é necessário introduzir constantemente normas harmonizadas para END e soldadura, que satisfaçam as exigências do mercado, o que promove o desenvolvimento do comércio livre, aumentando a competitividade e a comercialização dos produtos nacionais.

Os comités técnicos TC-44 e TK-78 do Instituto de Soldadura Eléctrica E.O. Paton da Academia Nacional de Ciências da Ucrânia harmonizaram uma série de normas internacionais básicas com o objetivo da sua introdução faseada na produção de soldadura da Ucrânia.

As normas internacionais harmonizadas ISO são cruciais para o desenvolvimento contínuo, uma vez que são fontes fundamentais de know-how, especialmente para os países em desenvolvimento e para os países com economias em transição. Prestam uma assistência inestimável aos países que necessitam de desenvolver as suas economias e criar uma produção moderna e capacidades de competitividade no mercado mundial.

Conclusões.

1. O sistema de diagnóstico é implementado diretamente em TL, NDT e TD, que deve ter em conta a verificação dos principais factores tecnológicos - matérias-primas, equipamento, qualificações do pessoal, processo tecnológico, métodos de ensaio, etc. Após a harmonização na Ucrânia das normas internacionais do DSTU ISO 9000, a série de testes ISO IEC 17025 pode ser designada como uma avaliação da preparação tecnológica dos testes (abordagem de processo).

2. A gestão de topo da empresa deve dar autoridade e responsabilidade ao pessoal para comunicar inconsistências (defeitos) nos elementos das estruturas soldadas em qualquer fase do fabrico (reparação). É importante que as incoerências sejam registadas com indicação da sua localização para estudo e fornecimento de dados para análise e melhoria do processo tecnológico (ISO 9004, ISO 9001:2015).

3. A análise mostra que a responsabilidade do pessoal do NDT e do TD TL aumenta psicologicamente apenas se a gestão o tiver assegurado [13]:

• formação contínua abrangente do pessoal do laboratório;

• disponibilidade de instruções tecnológicas pormenorizadas para medições e ensaios;

• introdução de métodos de verificação dos resultados das acções do pessoal;

• a disponibilidade de meios para calibrar e regular o equipamento ou de métodos para avaliar a incerteza dos ensaios no caso de o resultado não ser autêntico;

• utilização de um sistema pericial para a análise e avaliação do estado dos produtos após os ensaios e o controlo.

4. Como resultado da investigação, monitorização e medição de métodos de uma análise faseada do risco decorrente da reparação e operação da estrutura soldada responsável após uma longa operação com a utilização de NDT e TD.

5. Ao analisar os riscos, recomenda-se a utilização de métodos normalizados de cálculo da fiabilidade e dos resultados da monitorização da estrutura soldada, quando se têm em conta as falhas críticas, a fim de evitar o acidente da instalação como um todo.

6. A normalização é uma atividade que consiste em estabelecer disposições de uso geral e múltiplo para a solução de tarefas existentes ou possíveis, a fim de alcançar o nível ótimo de ordem numa determinada esfera, cujo resultado é um aumento do nível de conformidade dos produtos, processos e serviços com o seu objetivo funcional, a fim de eliminar os obstáculos ao comércio e fomentar a cooperação científica e técnica [14].

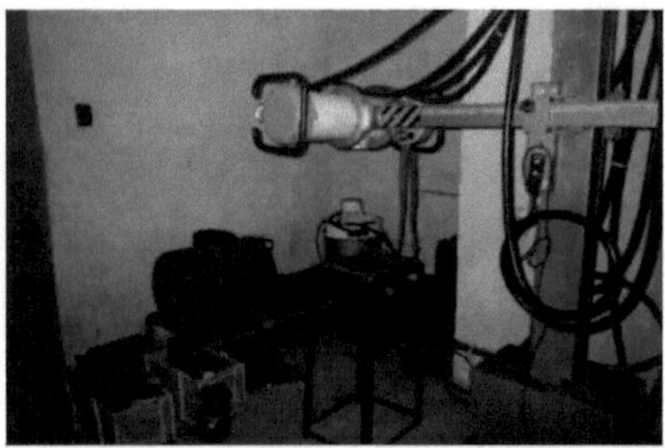

Fig. 8-16 Preparação para o ensaio da construção soldada pelo método de raios X para análise da situação da gestão de riscos na instalação.

Fig. 8-17. O segundo conjunto de amostras de juntas soldadas após ensaios mecânicos para analisar o estado da gestão dos riscos do processo tecnológico.

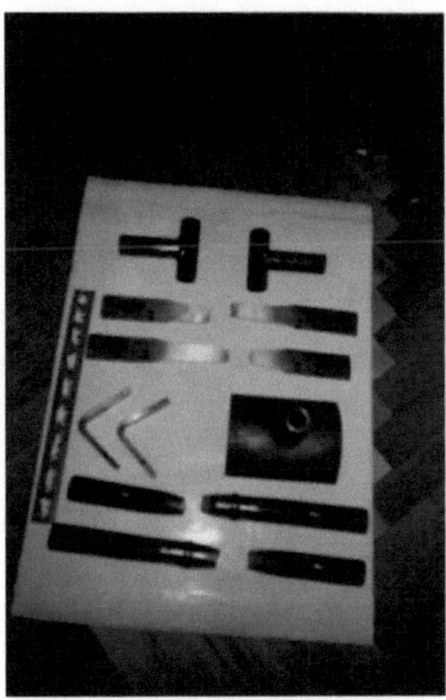

Fig. 8-18 Terceiro conjunto de amostras de juntas soldadas para análise do estado do sistema de gestão de riscos na empresa.

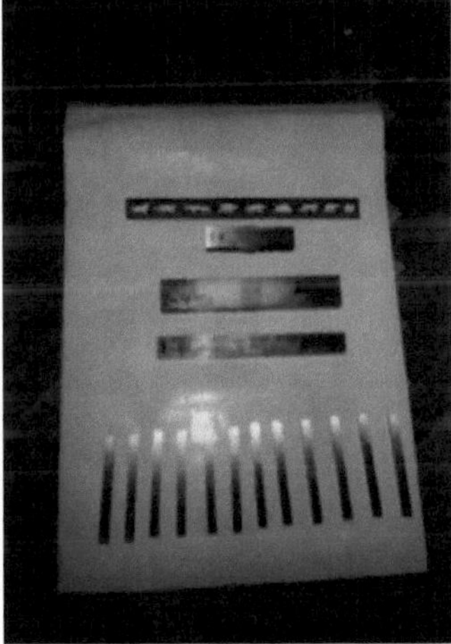

Fig. 8-19. Quarto conjunto de amostras de juntas soldadas antes dos ensaios mecânicos de processos de soldadura (WPS) para análise do estado do sistema de gestão de riscos na empresa.

CAPÍTULO 9

CONTROLO DO RISCO DE FORMAÇÃO DE DEFEITOS NOS COMPOSTOS SOLDADOS AQUANDO DA REPARAÇÃO E INSTALAÇÃO, SOLDADURA COM ELÉCTRODO INFLAMÁVEL EM GASES DE PROTECÇÃO

Atualmente, tem-se assistido a um certo renascimento na produção e reparação de estruturas soldadas de aços ao carbono com cordões curtos realizados nas posições inferior, inclinada e vertical, executados em vários passes durante a instalação e reparação após o END e TD [15, 16].

No fabrico de estruturas de aço, a soldadura é realizada na maioria dos casos numa mistura de CO_2 ou d de árgon com 18-20% de CO_2 por um fio CB-08F2C com um diâmetro de 1,2 mm.

A análise das tecnologias de soldadura em CO2 com o fio sv-08G2S mostrou que os defeitos emergentes sob a forma de não-soldaduras, poros e inclusões de escória se localizam mais frequentemente no início e no fim de cordões curtos realizados por máquinas semi-automáticas que não dispõem de programas para melhorar o início da soldadura e a soldadura da cratera, e também equipadas com voltímetros e amperímetros de ponteiro, para os quais o controlo da corrente dos regimes de soldadura é difícil. Na alimentação a partir de rectificadores universais como o VDU-506, com velocidades baixas e médias de subida da corrente de curto-circuito, também ocorrem descontinuidades.

Para melhorar a produtividade, a soldadura é frequentemente efectuada com tensões mais elevadas. Isto melhora a formação do cordão, o que aumenta os salpicos e dificulta a conclusão da soldadura. No final dos cordões, ficam crateras não soldadas e inclusões de escória [16].

A análise mostrou que, quando se utilizam fios de eléctrodos com um revestimento anticorrosivo de má qualidade, se observa uma violação do processo de soldadura e um aumento dos salpicos, a probabilidade de formação de poros nas costuras aumenta.

A desumidificação do dióxido de carbono por meio de pós-secadores exige a substituição frequente do filtro do dessecante. No entanto, estas operações não garantem uma secagem suficiente quando se destinam à produção de garrafas com uma quantidade elevada de água nas garrafas.

Por conseguinte, recomenda-se a certificação das empresas que fornecem dióxido de carbono para soldadura.

A análise mostrou que, ao soldar em CO_2 com arames convencionais em pó que não são calcinados antes da soldadura, formam-se poros nas juntas e, ao soldar aços de baixa liga, a tenacidade do metal de solda diminui, o que é inaceitável em estruturas responsáveis [16].

A análise das tecnologias de soldadura em misturas de árgon com 18-20% de CO_2 por um fio de CB-08F2C com um diâmetro de 1,2 mm mostrou [16, 17] que:

1. A soldadura qualitativa só é conseguida na gama média de correntes no processo de jato.

2. Os defeitos sob a forma de fissuras, inclusões de escória e cadeias de poros formam-se mais frequentemente no início e no fim de costuras curtas feitas por máquinas semi-automáticas que não têm programas para melhorar o início da soldadura e a soldadura da cratera,

3. Nas zonas de intersecção dos elementos estruturais e na inconsistência do ponto de fixação do condutor de corrente à estrutura soldada (onde o campo magnético é distorcido), verificam-se fusões com o bordo da junta de topo e as fissuras. Ao soldar numa mistura de árgon

com 18-20% de CO_2 a correntes subcríticas, observa-se fusão ao longo do bordo das juntas de topo e entre camadas, bem como não soldaduras. Quando a soldadura é realizada em misturas de árgon com um baixo teor de CO_2 (5-15%) nas costuras e nos poros, é possível a não fusão nos bordos e entre camadas individuais.

A análise mostrou que o fornecimento desigual de compostos também ocorre quando a composição da mistura de gás é instável. A composição não constante da mistura de árgon e CO_2 é observada quando se alimentam os cordões de soldadura a partir de cilindros com misturas prontas de árgon com 18-20% de CO_2.

No início da utilização de um novo balão, o processo de soldadura assemelha-se à soldadura em árgon puro (o arco é longo, a junta é larga com um pequeno ganho). Nestas juntas, a não fusão ao longo do bordo da junta é frequentemente detectada, especialmente em locais onde coincide com alterações na forma das juntas das estruturas e com cabos de soldadura longos que criam ondas electromagnéticas.

Durante a soldadura (no final da utilização do gás da garrafa), observam-se constantemente os fenómenos típicos da soldadura em CO_2 (o arco é curto, a soldadura é acompanhada de pulverização, a costura já está com um ganho superior). Nas juntas há inclusões de escória, mas não há fusões.

A análise mostrou que a razão para a inconstância da composição da mistura de gases é a separação de gases no balão. O dióxido de carbono deposita-se mais pesadamente e localiza-se no fundo da garrafa, e o árgon localiza-se na parte superior do balão. A estratificação rápida mais frequente do gás numa garrafa ocorre com a utilização de garrafas de dióxido de carbono em série que não estão equipadas com um dispositivo especial moderno para misturar uma mistura de gás numa garrafa.

Com a tecnologia de enchimento acelerado de garrafas com uma mistura de árgon de 18-20% de CO_2 (sem o controlo atual da composição da mistura), aparecem impurezas de ar nas garrafas. Um sinal disso é o aumento de salpicos e poros nas costuras.

A soldadura de estações de soldadura com uma mistura de árgon com 18-20% de CO_2 obtida por mistura direta na produção de soldadura a partir de dois recipientes separados com árgon (GOST 10157-79) e dióxido de carbono proporciona uma composição estável das misturas, mas requer um controlo de qualidade constante da composição da mistura.

Assim, para reduzir o risco de defeitos nas costuras, é necessário:

a) fornecimento de postos de soldadura com dióxido de carbono do mais alto ou primeiro grau de acordo com GOST 8050-79 e misturas de árgon com CO_2 fornecidas em cilindros especiais ou obtenção de uma mistura de árgon e CO_2 em fábricas que fabricam estruturas metálicas de acordo com TY.

Ao mesmo tempo, a garantia de qualidade da soldadura é conseguida através de:

b) Controlo de qualidade dos gases recebidos pela empresa, certificação dos processos tecnológicos de enchimento de garrafas com gases de proteção (incluindo a preparação de garrafas de gás para o enchimento de gás), preparação de misturas em fábricas para fornecedores de gás e controlo atual da composição do gás em garrafas diretamente no local de produção.

c) Certificação dos processos tecnológicos de soldadura (em CO2 e em misturas de árgon com CO2 CB-08F2C) com a lista alargada de indicadores (indicação do comprimento e da secção dos cabos de soldadura, do local de ligação dos cabos de betão e da direção da soldadura) [18].

d) Indicação dos locais de início e de fim das costuras curtas, das costuras multicamadas.

Estudos demonstraram que os trabalhos de reparação realizados de acordo com NDT e TD (diagnósticos técnicos) podem ser divididos em: fabrico de peças sobressalentes e componentes para reparação; para trabalhos nas condições de montagem da produção de transporte e engenharia de condutas.

Na reparação e na montagem de estruturas, a soldadura das juntas de topo é efectuada: - na raiz da soldadura com um elétrodo não consumível em árgon ou manualmente com eléctrodos individuais; o resto da secção é fabricado em várias passagens manualmente com eléctrodos de peça ou soldadura semi-automática numa mistura de árgon com 20% de CO_2.

A soldadura de combinações de aço 20 com 08X18H10T, dependendo da espessura da parede dos tubos, é efectuada com pré-aquecimento da junta soldada a 100-200 °C, com o aquecimento da junta soldada a 100 °C e subsequente tratamento térmico das juntas soldadas a temperaturas de 1030 ± 30 °C 1-2 horas. Soldadura de tubos de aço 12X1 MO com pré-aquecimento a 200 °C e têmpera após a soldadura a 710-740 °C -2 horas, e tubos de aço 15FC de diâmetro 325x28 mm com aquecimento preliminar até 150 °C e têmpera após a soldadura a 635-665 °C durante 1 hora [19].

A análise mostrou que a violação das condições de pré-aquecimento e de tratamento térmico final conduz ao aparecimento de fissuras nas juntas soldadas. A observância das condições térmicas dos tratamentos térmicos preliminares, concomitantes e subsequentes permite geralmente obter uma junta sem fissuras.

Estudos demonstraram que a soldadura em árgon com um elétrodo não consumível com um aditivo pode proporcionar juntas de alta qualidade, mas requer árgon de 1ª classe, de acordo com GOST 10137-79, afiação e mudança regular do elétrodo de tungsténio e elevada qualificação do soldador.

A soldadura de múltiplos passes com juntas de topo de tubos com um diâmetro de 450 mm nas condições de reparação para a soldadura de juntas de tubos não rotativas em condições de instalação apertadas é difícil. Isto requer eléctrodos de peça de pequeno diâmetro de alta qualidade para a soldadura manual e uma elevada qualificação do soldador. No entanto, a probabilidade de formação de inclusões de escória entre as camadas é grande, especialmente nas áreas do início da soldadura da junta anular e do fim da junta.

A análise mostrou que, nos casos em que a secção transversal principal da junta é soldada por soldadura numa mistura de árgon com 20-25% de CO_2 em condições de loja estacionária, a probabilidade de formação de fissuras e de não fusão entre as camadas da soldadura multipasse é muito menor do que na soldadura manual com eléctrodos de peça. No entanto, para obter juntas de alta qualidade com um mínimo de não fusão entre camadas, é necessária uma composição estável da mistura de árgon com 20-25% de CO_2 e a zona de soldadura é protegida das correntes de ar.

A análise do desempenho das soldaduras multi-passos numa mistura de árgon e CO_2 mostra que quando o conteúdo da mistura é reduzido para 15% de CO_2, a probabilidade de não fusão local com os bordos da junta e entre as camadas aumenta.

Assim, assegurar a produção de uma composição estável de mistura de árgon com 20-25% de CO_2 em condições de oficina e de base reduz o risco de obter inclusões fusíveis e escórias nas soldaduras de topo de juntas de tubos não rotativas.

Para reduzir o risco de defeitos nos trabalhos de reparação e instalação, recomenda-se a pré-certificação do processo de soldadura (WPS) em combinação com a garantia de uma composição estável da mistura de árgon com 20-25% de CO_2. Neste caso, é necessário especificar as condições para garantir uma proteção fiável de juntas soldadas específicas e juntas com gás, recomendações para a proteção de locais de trabalho sem fluxos de ar, a organização do tratamento térmico concomitante e subsequente de grandes nós soldados com NDT e TD subsequentes.

Além disso, é necessário assegurar a organização do trabalho, de acordo com o sistema de qualidade dos serviços técnicos, de acordo com a DSTU ISO 15610, DSTU ISO 15613 (controlo preliminar dos materiais soldados - tubos, eléctrodos de soldadura, seu armazenamento, calcinação dos eléctrodos antes da soldadura, a qualidade da montagem das juntas, a disponibilidade de instruções de soldadura WPS) com a indicação do equipamento de soldadura e das fontes de corrente) é obrigatório ter certificados de conformidade para os materiais de acordo com a DSTU 3413-96 e documentos regulamentares (sistema de certificação estatal) [20, 21].

A realização de uma monitorização de rotina dos modos de soldadura, as ligações responsáveis com o registo dos modos de soldadura para cada passe por equipamento eletrónico e o registo dos regimes de tratamento térmico garantirão a qualidade dos cordões de soldadura com END e TD subsequentes.

Ao mesmo tempo, é obrigatório efetuar um controlo visual-ótico utilizando modelos: YIHC-3 para verificar as dimensões do reforço e a forma da junta. O controlo das juntas soldadas por métodos de ensaios não destrutivos garantirá a ausência de fissuras e outras descontinuidades, sendo obrigatório o registo de protocolos de controlo para todas as juntas com a subsequente marcação das juntas (selo do soldador e número da junta).

Ao mesmo tempo, recomenda-se o desenvolvimento de programas para armazenar amarrações e conjuntos tubulares fabricados, a sua conservação e a preparação da documentação de acompanhamento em conformidade com os requisitos dos documentos regulamentares [22].

CONCLUSÕES

1. Análise do risco de defeitos em juntas soldadas realizadas em CO_2 e Ar CO_2 1820% utilizando fios de eléctrodos e gases de proteção fabricados por empresas e com certificação exigida de acordo com a norma DSTU ISO 15610 ou DSTU ISO 15613, em conformidade com as normas actuais DSTU ISO 9001: 2009 e DSTU EN 1090.

2. A fim de garantir a qualidade das estruturas soldadas, é necessário ter em conta os requisitos do conjunto de normas [22, 23].

CAPÍTULO 10

INVESTIGAÇÃO DOS PRINCÍPIOS DE GESTÃO DOS RISCOS PARA A QUALIDADE NA PRODUÇÃO DE SOLDADURA.

Existem dois princípios fundamentais de gestão de riscos para a qualidade das estruturas soldadas:

- a avaliação dos riscos para a qualidade deve basear-se em dados e estar diretamente relacionada com a proteção dos consumidores;

- o nível de esforço, a formalização e a documentação do processo de gestão de riscos para a qualidade devem estar em conformidade com o nível de risco das estruturas soldadas.

A análise mostrou que a gestão de riscos para a qualidade é um processo sistemático de avaliação geral, ensaios não destrutivos (END), informação e avaliação de riscos para a qualidade do produto ao longo do seu ciclo de vida. O modelo de gestão do risco para a qualidade é apresentado no diagrama (Figura 1). O valor de cada componente desta estrutura pode ser diferente em diferentes casos, mas um processo de estudo robusto tem em conta todos os componentes que são detalhados na medida em que correspondem a um risco específico.

O diagrama abaixo não indica o ponto de decisão, uma vez que as decisões podem ser tomadas em qualquer ponto do processo. Estas decisões podem voltar à fase preliminar para procurar mais informações, a fim de ajustar os modelos de risco ou mesmo terminar o processo de gestão do risco com base nas informações que constituem a base de uma solução deste tipo na indústria da soldadura.

Nota - "Inaceitável" refere-se não só a requisitos legislativos, administrativos ou regulamentares, mas também à necessidade de rever o processo de avaliação geral dos riscos (Figura 1) de acordo com os requisitos dos documentos normativos.

As actividades de gestão de riscos para a qualidade das estruturas soldadas são, em regra, mas nem sempre, recomendadas por grupos individuais. Ao formar grupos, estes devem incluir peritos nos domínios relevantes (por exemplo, o departamento de qualidade, o desenvolvimento comercial, a engenharia, as actividades regulamentares, as operações tecnológicas, a investigação e o marketing, os serviços jurídicos, as estatísticas), para além daqueles que têm conhecimentos sobre o processo de gestão de riscos para a qualidade das estruturas soldadas.

As pessoas responsáveis pela tomada de decisões devem:

- ser responsável pela coordenação da gestão dos riscos para a qualidade entre as diferentes funções e departamentos da empresa de soldadura;

- garantir que o processo de gestão dos riscos para a qualidade seja definido, aplicado e verificável, e que estejam disponíveis recursos suficientes.

A gestão dos riscos relativos à qualidade das estruturas de soldadura deve incluir processos sistemáticos concebidos para coordenar, facilitar e melhorar a adoção de decisões sólidas em matéria de riscos.

As possíveis etapas utilizadas para planear um processo de gestão do risco para a qualidade podem incluir o seguinte:

- definição de uma questão problemática, que constitui um risco que determina o risco das estruturas soldadas;

- recolha de informações ou dados de origem sobre perigos potenciais, danos associados à avaliação geral dos riscos;

- nomeação de um gestor e determinação dos recursos necessários;

- estabelecer um calendário para o fabrico de estruturas soldadas, os resultados esperados e o nível adequado de tomada de decisões sobre o processo de gestão dos riscos na indústria da soldadura.

Foi estabelecido que a avaliação global dos riscos consiste em identificar os perigos na indústria da soldadura e em analisar e avaliar os riscos associados a esses perigos na indústria da soldadura.

Recomenda-se que se inicie uma avaliação geral dos riscos para a qualidade com uma descrição clara do risco. Se o risco durante a investigação for claramente definido, é mais fácil estabelecer uma ferramenta de gestão do risco adequada, bem como os tipos de informação necessários relativamente ao aspeto do risco das estruturas soldadas.

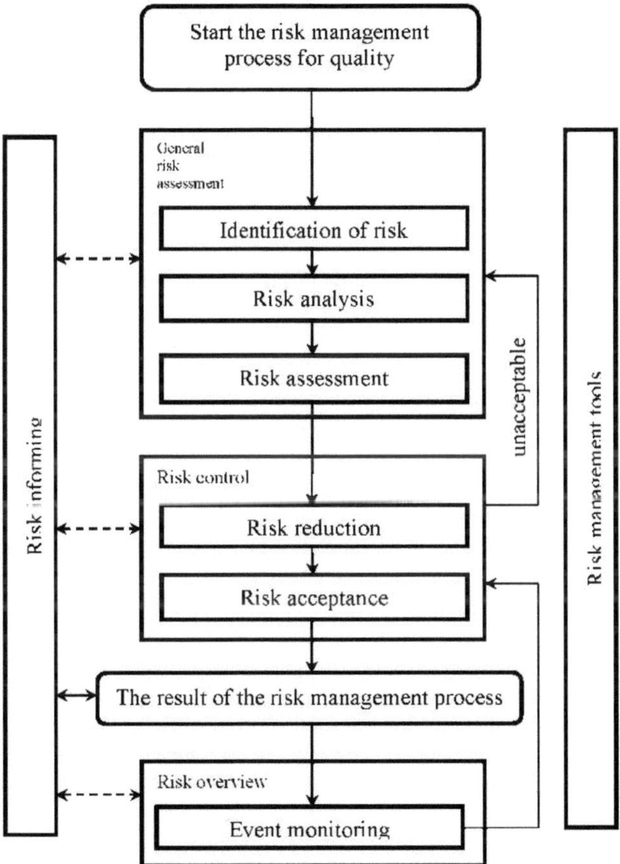

Fig. 1 - Esquema geral de um processo típico de gestão de riscos para a qualidade das estruturas soldadas.

Três questões fundamentais são úteis para uma definição precisa do risco, a fim de avaliar o risco das estruturas soldadas em geral: a. O que pode acontecer de errado? b. Qual é a probabilidade (possibilidade) de que isso aconteça incorretamente? in. Quais são as consequências (a sua gravidade)?

A identificação do risco é a utilização sistemática de informações para identificar o aspeto do risco ou para descrever o problema na indústria da soldadura.

A identificação do risco em estudos anteriores está relacionada com a questão "O que pode acontecer de errado?", bem como com a definição das possíveis consequências. Isto fornece a base para outras fases do processo de gestão do risco para a qualidade das estruturas soldadas.

A análise de risco é a avaliação do risco associada à identificação do perigo nos estudos. Trata-se do processo de estabelecer uma relação qualitativa e quantitativa entre a probabilidade do caso e a gravidade do dano. Para algumas ferramentas de gestão do risco, a capacidade de detetar danos (capacidade de deteção) é também um fator de avaliação do risco na indústria da soldadura.

Avaliação do risco - é uma comparação do risco estabelecido e analisado com os critérios de risco especificados para estruturas soldadas. Ao avaliar os riscos, é necessário considerar a validade das provas para as três questões fundamentais.

Ao avaliar o risco global, a fiabilidade do conjunto de dados é importante porque determina a qualidade do resultado. Os pressupostos que identificam a natureza do problema e as razões fundamentadas para a incerteza aumentarão a exatidão deste resultado ou ajudarão a determinar as suas limitações.

A incerteza é o resultado de um conhecimento incompleto do processo tecnológico em conjunto com a sua variabilidade esperada ou inesperada. As causas habituais da incerteza são a falta de compreensão do processo tecnológico, as causas de danos (por exemplo, os modos errados do processo), bem como a capacidade insuficiente de identificar problemas na indústria da soldadura.

O resultado da avaliação de risco é uma estimativa quantitativa do risco ou uma descrição qualitativa de uma gama de risco de estruturas soldadas. Se o risco for expresso quantitativamente, utiliza-se a probabilidade numérica. Em alternativa, o risco pode ser expresso utilizando atributos qualitativos como "elevado", "médio" ou "baixo", que devem ser definidos tanto quanto possível, na medida do possível. Ao avaliar quantitativamente o risco da avaliação de risco, é fornecida a probabilidade de uma consequência específica apresentada como um conjunto de circunstâncias que contribuem para o risco das estruturas soldadas.

Uma estimativa quantitativa é útil para um efeito específico de cada vez. Em alternativa, algumas ferramentas de gestão do risco utilizam o risco relativo das estruturas soldadas em combinação com vários níveis de gravidade e a probabilidade de uma avaliação geral do risco relativo na investigação.

O controlo dos riscos implica a tomada de uma decisão para reduzir ou aceitar os riscos da produção de soldadura.

O objetivo do controlo dos riscos é reduzi-los para um nível aceitável. O número de esforços aplicados ao controlo de riscos deve ser proporcional à importância do risco das estruturas soldadas. Para compreender o nível ótimo de risco, os decisores podem aplicar diferentes processos, incluindo uma análise custo-benefício que depende do resultado.

O controlo dos riscos deve centrar-se nos seguintes aspectos - O risco é superior ao nível aceitável? - O que deve ser feito para reduzir ou eliminar os riscos no sector da soldadura? - Qual é o equilíbrio aceitável entre lucros, riscos e recursos? - Existem novos riscos como resultado do controlo dos riscos estabelecidos para as estruturas soldadas?

A redução dos riscos centra-se nos processos para reduzir ou evitar o risco para a qualidade quando este excede o nível estabelecido (aceitável) (ver Figura 1). A redução de riscos pode incluir medidas adoptadas para reduzir a gravidade e os danos. O controlo de riscos pode ser aplicado a processos que melhoram a capacidade de identificar perigos e riscos para a qualidade das estruturas soldadas.

A implementação de medidas de mitigação de riscos pode levar a novos riscos para o sistema ou aumentar a importância de outros riscos existentes. Após a introdução do processo de redução do risco, é aconselhável rever a avaliação global do risco na indústria da soldadura para identificar e avaliar quaisquer possíveis alterações do risco.

A assunção de riscos é a decisão de assumir riscos no fabrico de estruturas soldadas. A aceitação do risco pode ser uma decisão oficial de aceitar um risco final ou pode ser uma decisão passiva se o risco final não estiver estabelecido.

Relativamente a alguns tipos de danos, mesmo as melhores práticas de gestão de riscos para a qualidade não são capazes de eliminar o risco de todo na indústria da soldadura. Nestas condições, pode decidir-se que é aplicada uma estratégia adequada de gestão do risco para a qualidade e que o risco para a qualidade é reduzido para um nível estabelecido (aceitável) na indústria da soldadura.

A informação sobre os riscos é a partilha de informações sobre os riscos durante a investigação e a gestão dos riscos entre os decisores e outras pessoas no sector da soldadura.

As partes podem ser informadas em qualquer fase do processo de gestão do risco (ver Figura 1: setas a tracejado).

A qualidade dos processos de gestão do risco a documentar deve ser devidamente comunicada (ver Figura 1: seta contínua).

Deve haver um intercâmbio de informações entre todas as partes interessadas no fabrico de estruturas soldadas. Entre os representantes dos organismos de inspeção (auditoria) e a empresa de produção de soldadura; entre os representantes da empresa e o consumidor, entre o pessoal interno da empresa; representantes do organismo de inspeção, etc. As informações incluídas podem estar relacionadas com a existência, a natureza, a forma, a probabilidade, a gravidade, a aceitabilidade, o controlo, a consideração, a capacidade de identificar ou outros aspectos do risco para a qualidade das estruturas soldadas.

A gestão dos riscos deve fazer parte de um processo ativo de gestão da qualidade. Recomenda-se a introdução de um mecanismo de controlo ou monitorização de eventos durante o funcionamento.

Os resultados do processo de gestão de riscos devem ser revistos à luz de novos conhecimentos e experiências. Se o processo de gestão do risco para a qualidade das estruturas soldadas tiver sido iniciado, deve continuar a considerar eventos que possam afetar a decisão anterior no âmbito do processo de gestão do risco para a qualidade, independentemente de esses eventos serem planeados (por exemplo, inspecções, auditorias, alterações de controlos) ou não planeados (por exemplo, a principal razão para investigar inconsistências, quando se retira). A frequência de qualquer revisão deve basear-se no nível de risco. Uma revisão do risco pode incluir a revisão da decisão de tomada de risco no fabrico de estruturas soldadas.

Conclusões.

- . A gestão de riscos para a qualidade das estruturas soldadas baseia-se numa abordagem científica e prática da tomada de decisões. Fornece métodos documentados, transparentes e reprodutíveis para completar as etapas do processo de gestão dos riscos para a qualidade, com base nos conhecimentos disponíveis relativos à avaliação da probabilidade, da gravidade e, por vezes, da capacidade de identificar os riscos no fabrico de estruturas soldadas.
- . Recomenda-se que a avaliação dos riscos e a gestão da qualidade das estruturas soldadas sejam efectuadas utilizando vários métodos informais (por exemplo, métodos internos)

baseados, por exemplo, numa combinação de observações, tendências e outras informações. Estas abordagens continuam a fornecer informações úteis que podem ajudar em questões como o processamento de reclamações, defeitos de qualidade, rejeição e distribuição de recursos na indústria de soldadura.

CAPÍTULO 11

AVALIAÇÃO DO RISCO DE FUNCIONAMENTO DE CONSTRUÇÕES SOLDADAS COM BASE NO CONTROLO DA QUALIDADE DOS PROCESSOS E NA CONDUÇÃO DE SISTEMAS DE GESTÃO MÉTODOS DE ENSAIO DE NDT E TD

A necessidade de melhorar a eficiência da empresa (aumentar a produtividade, reduzir os custos, melhorar a qualidade) torna necessário o desenvolvimento de métodos de gestão eficazes e a introdução de requisitos das normas do sistema de qualidade, passando do controlo de produtos acabados (controlo faseado como um dos métodos de manutenção técnica do funcionamento) para uma abordagem de gestão de processos. Os requisitos das normas do sistema de gestão da qualidade desenvolvem-se de acordo com as exigências do desenvolvimento da sociedade e do desenvolvimento de métodos de gestão científica. A família de normas do sistema de gestão da nova geração, da qual a ISO 9001: 2015 é uma norma, é uma estrutura de alto nível. O termo estrutura de alto nível foi introduzido pelo manual ISO Guide 83: 2011 e aplicado a normas de sistemas de gestão que possuem requisitos, termos, definições-chave idênticos e usam o conceito de pensamento baseado em risco.

Estudos demonstraram que as empresas ou os laboratórios enfrentam um certo número de riscos que podem afetar a realização dos objectivos de qualidade e a segurança das estruturas soldadas. O risco é o efeito da incerteza sobre o objetivo [24]. O impacto é visto como um desvio com efeitos positivos e negativos. Os objectivos no trabalho podem ter diferentes aspectos e podem estar relacionados com diferentes níveis de gestão (tais como nível estratégico, organizacional, nível de projeto, produto, processo). O risco da operação é frequentemente caracterizado por referências a eventos potencialmente possíveis (colisões) e consequências ou à sua combinação. O risco é muitas vezes expresso na combinação do evento e da sua probabilidade de incidentes (acidentes). A incerteza é também o estado de falta parcial de informação relativamente à compreensão ou ao conhecimento dos acontecimentos, das suas consequências ou da sua probabilidade [24].

A avaliação de riscos é um processo comum de identificação de riscos, análise de riscos e deteção de riscos numa estrutura soldada. O nível de risco é a magnitude do risco, expressa na combinação de consequências e na sua probabilidade de ocorrência de defeitos na produção e funcionamento da estrutura soldada. Critérios de risco - Dados com base nos quais a importância do risco é avaliada. A definição de risco é o processo de comparação dos resultados da análise de risco com os critérios de risco para determinar se é possível aceitar a magnitude do risco em cada estrutura soldada. O controlo não destrutivo é uma medida que pode alterar o risco [24].

Estudos demonstraram que cada processo do sistema de gestão da qualidade da empresa de soldadura funciona como "trabalho útil" - realiza atividade na conversão de indicadores de qualidade de entrada no fim de semana e é considerado a partir do ponto de criação de valores adicionais, e carrega incertezas (riscos) que afectam os indicadores de fim de semana recebidos [25]. Neste caso, qualquer incerteza no teste pode ter um resultado positivo ou negativo. Um resultado positivo devido a um desvio pode proporcionar uma certa oportunidade e neste recurso adicional "escondido" para a empresa de soldadura, mas nem todos os efeitos positivos do risco conduzem a oportunidades no fabrico de estruturas soldadas [25].

O resultado negativo incentiva a gestão dos riscos. Para este efeito, é necessário, em primeiro lugar, que o pessoal de engenharia da empresa (o chefe dos trabalhos de soldadura, o chefe do laboratório de END e TD, etc.) tenha conhecimento do risco: identificar as fontes de risco, determinar a natureza do risco e o nível de risco (efetuar uma análise de risco). Em segundo lugar, determinar o grau de risco, comparando os resultados da análise de risco com os critérios de risco para determinar se o risco pode ser assumido. Se necessário, efetuar o tratamento do risco (incluindo a modificação do risco) (Figura 1).

Para reduzir o risco, as alterações podem incluir: eliminação da fonte de risco, alteração da probabilidade, alteração das consequências, partilha de responsabilidades entre outros processos ou implementadores de processos [26].

A análise mostrou que, ao implementar o sistema de gestão da produção com base na norma ISO 9001: 2015, o nível de regulação do processo (detalhes dos requisitos do sistema, ações de gestão adicionais, volume de medições e controlo não destrutivo, formação e certificação de pessoal) é proporcional ao grau de riscos associados a eles. Isto dá à empresa a oportunidade de concentrar esforços e fundos nas áreas do processo tecnológico, onde a probabilidade de falhas é maior e não se preocupar com a gestão de processos secundários. Em vez disso, os processos de gestão de riscos, de acordo com as normas ISO 9001: 2015 e ISO 31000: 2009, devem tornar-se parte dos processos da empresa e ser integrados no sistema de controlo geral para a exploração de soldadura e construções.

Ao identificar as fontes de risco, são tidos em conta o âmbito da atividade da organização da produção de soldadura (o contexto da organização), o tipo de produção, o laboratório de ensaios com END e a TD. O processo de gestão de riscos ajuda a tomar decisões com base na incerteza e na possibilidade de ocorrência de eventos ou circunstâncias futuras e no seu impacto nos objectivos da organização em termos de qualidade e segurança.

Observemos as peculiaridades dos riscos da produção de soldadura e, consequentemente, dos sistemas de controlo, incluindo os requisitos para medições e volumes de controlo de NDT e TD.

O primeiro grupo é constituído pelos riscos associados à produção e reparação de estruturas críticas sujeitas aos requisitos da regulamentação técnica [27].

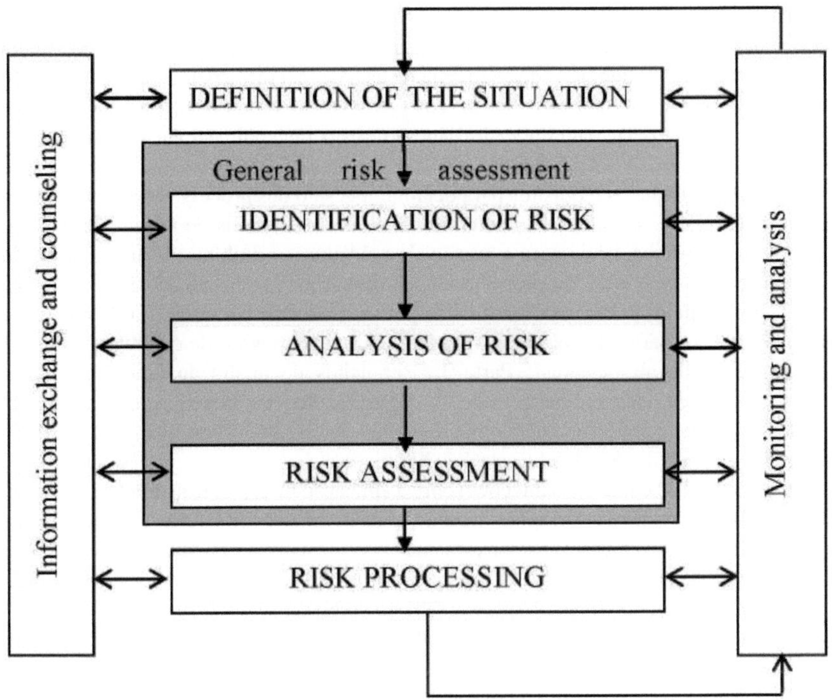

Figura 1. Entrada do processo de gestão do risco [3, 4]

Neste caso, os requisitos para a gestão da produção, o âmbito do controlo pertencem à esfera regulamentada pela legislação e não devem ser menos rigorosos do que os especificados por lei. Assim, o "regulamento técnico dos produtos de construção, dos edifícios e das estruturas", que pode incluir uma parte das estruturas soldadas, exige o controlo da produção pelo fabricante, módulos A e D, e a confirmação da conformidade dos produtos pelos módulos B + D ou F dos organismos de avaliação da conformidade designados [28].

As normas da série EN 1090 "Estruturas de aço e alumínio" determinam a dependência da classe de construção em relação aos riscos que lhe estão associados. Assim, a norma EN 1090-2 Parte 2, "Requisitos técnicos para estruturas de aço", estabelece quatro classes de fabrico, que são designadas por EXC 1 ... EXC 4 ("EXC" - execução). Neste caso, a rigidez das exigências aumenta de ex 1 para EXC 4. A escolha da classe de fabrico é feita tendo em conta os factores decisivos de execução, que afectam a fiabilidade global das estruturas. Assim, a norma EN 1090-2 (Anexo B) define os três factores decisivos seguintes: Classes de impacto em função da diferenciação da fiabilidade; riscos associados à construção da conceção, os riscos associados à utilização da conceção. Para classificar uma determinada conceção, é necessário determinar os critérios para as categorias de produção e as categorias de utilização.

O segundo grupo é o dos riscos associados à presença de um processo especial. Os processos especiais incluem processos tecnológicos cuja qualidade é formada durante a execução e não pode ser assegurada pelos resultados do controlo final (por outras palavras, são processos que são difíceis de gerir). Trata-se, nomeadamente, dos processos de soldadura e de tratamento térmico. De facto, na presença de defeitos que não podem ser corrigidos (fissuras, aberrações, etc.), a ligação soldada não existe. Ao reparar a conduta, por exemplo, a substituição de uma junta soldada requer a soldadura da bobina, o que aumenta o custo da reparação pelo menos duas vezes. A magnitude do risco para o fabricante neste caso é igual ao produto da probabilidade de ocorrência de um defeito pela magnitude do dano (o custo do volume total do trabalho de soldadura) [29].

A análise mostrou que os requisitos para detalhar a gestão dos processos de soldadura e a organização do controlo de soldadura são determinados por uma família de normas ISO 3834. Estas normas regulam os requisitos para a gestão da soldadura, o âmbito e a organização do controlo, em particular com o NDT, os procedimentos necessários. A série ISO 3834 é composta por seis partes, unidas pelo título geral "Requisitos para a qualidade da soldadura de metais de fusão": Parte 1 "Critérios para selecionar o nível apropriado de requisitos de qualidade"; Parte 2 "Requisitos de qualidade abrangentes"; Parte 3 "Requisitos de qualidade típicos"; Parte 4 "Requisitos de qualidade elementares"; Parte 5, "Documentos cujos requisitos devem ser cumpridos para confirmar a conformidade com a ISO 3834-2, ISO 3834-3 ou ISO 3834-4"; Parte 6 "Guia de implementação da ISO 3834 (Relatório Técnico)".

A norma EN 1090-2 contém orientações sobre a aplicação de partes das normas ISO 3834, dependendo da classe de construção exigida: para a classe de fabrico EXC1, deve ser utilizada a Parte 4 da ISO 3834; EXC2 - Parte 3, respetivamente; EXC3 e EXC4 - Parte 2. Assim, a classe de estruturas dita os requisitos para o nível de detalhe dos processos de controlo de qualidade da produção de soldadura, bem como o âmbito de aplicação do NDT.

Ao analisar os requisitos da norma ISO 3834 sobre o desempenho dos ensaios não destrutivos, foi estabelecido que, ao soldar as estruturas críticas abrangidas pelas normas ISO 3834-2 e ISO 3834-3, é necessário: os requisitos de controlo incluem o processo documentado de planeamento da produção e o controlo das actividades de produção; ter planos de controlo; procedimento de controlo. Além disso, a norma ISO 3834-5 (Anexo A) define os requisitos de qualificação para os especialistas que efectuam END.

Requisitos abrangentes e normalizados para a qualidade da soldadura exigem do fabricante de estruturas soldadas: a introdução de um sistema de identificação de juntas soldadas; desenvolvimento e implementação de um plano de soldadura (EN 1090-2); instruções de soldadura - WPS (especificação do procedimento de soldadura) de acordo com as partes relevantes da ISO 15609; instruções para o tratamento térmico de juntas soldadas (se necessário, de acordo com a ISO / TR 17663); certificação da tecnologia de soldadura de acordo com a série ISO 15614. É necessário introduzir um sistema de formação e certificação de soldadores e operadores de soldadura (normas ISO 9606, ISO 15618, ISO 14742) e de pessoal de END e TD de acordo com a norma EN ISO 9712 [30]. Especialmente importante é a disponibilização de trabalhos de soldadura por engenheiros altamente qualificados para coordenar as operações de soldadura (ISO 14731) e os trabalhos de soldadura (requisitos de qualificação ISO 3834-5, anexo A). Todas estas medidas são métodos de tratamento do risco na indústria da soldadura.

O terceiro grupo de riscos está associado à presença na indústria da soldadura de trabalhos (processos) personificados. Estes trabalhos são aqueles em que a qualidade do desempenho em 80 ... 100% depende da qualificação, competência e responsabilidade dos executantes. No domínio da soldadura, trata-se de engenheiros (gestores, coordenadores de soldadura), especialistas em soldadura por arco manual e especialistas no domínio dos ensaios não destrutivos e dos diagnósticos técnicos. Assim, um especialista em ensaios não destrutivos é "responsável" pela identificação do estado dos componentes da construção soldada: se cumprem os requisitos do documento normativo e da tarefa técnica, ou se são defeituosos. A magnitude das consequências de um risco (perda) no caso de emissão de um protocolo incorreto por um especialista em END para o fabricante pode ser compatível com o custo de fabrico, serviço de garantia e reparação. Para os consumidores, trata-se de perdas acidentais, etc. Por conseguinte, é necessário reduzir a probabilidade de uma atividade inadequada com os END e aumentar a fiabilidade dos resultados das medições. Tais medidas adicionais de gestão do pessoal de soldadura, END, como a organização de formação periódica, a certificação, a certificação, a supervisão do trabalho em END são necessárias em termos da metodologia de gestão dos riscos.

Tendo em conta a metodologia da gestão moderna, por exemplo, a gestão estratégica de um sistema equilibrado de indicadores do BSC (Balance, score, score) da organização [31], para assegurar o desenvolvimento sustentável da empresa, o trabalho do pessoal, que é responsável pelos processos-chave da educação para a qualidade, deve incluir medidas como a motivação e o encorajamento. Ao mesmo tempo, o soldador principal e o especialista em NDT devem estar familiarizados com a política e os objectivos da qualidade da empresa e compreender como as suas actividades afectam o cumprimento de metas específicas e indicadores estratégicos. Medidas de gestão como a motivação, a introdução do sistema de atualização servirão para que o conhecimento de cada especialista se torne conhecimento da empresa e promovam a criação de uma cultura empresarial em geral, aumentando a responsabilidade pelo desempenho atempado da qualidade das tarefas de produção.

O trabalho dos especialistas em ensaios não destrutivos está intimamente ligado ao trabalho do laboratório de ensaios da empresa.

O quarto grupo - os riscos associados ao controlo e às medições. Cada empresa que utiliza um sistema de gestão deve organizar um sistema de monitorização e de medição dos indicadores do processo e do controlo do produto em determinadas fases do ciclo de vida (controlo de entrada, operacional, controlo de saída dos produtos acabados, diagnóstico das caraterísticas operacionais). A organização dos testes no laboratório de testes (TL) deve estar em conformidade com a norma internacional ISO/IEC 17025 [32]. Na fig. 2 são apresentados os factores mencionados que afectam os resultados dos ensaios.

A introdução da gestão da qualidade e do controlo destes processos (de acordo com a norma ISO/IEC17025) ajudará a prever e a reduzir o risco de ensaio resultante associado à incerteza da medição.

A incerteza de medição é um parâmetro associado ao resultado da medição e caracteriza a dispersão dos valores que podem ser razoavelmente atribuídos ao valor medido [33, 34].

Para além dos processos tradicionais de gestão do laboratório, tais como a gestão dos equipamentos de ensaio, a documentação, o ambiente e os métodos inerentes à organização dos ensaios, em particular com os END. A avaliação da qualidade dos resultados dos ensaios é assegurada pela realização de ensaios interlaboratoriais, repetidos e em duplicado.

Esta atividade é realizada em intervalos programados de modo a que o resultado de cada método de ensaio seja avaliado e comparado com outro resultado, pelo menos uma vez durante o período estabelecido pelo laboratório (mas não mais de um ano). Os resultados dos ensaios (não destrutivos e destrutivos) servem para analisar a qualidade das actividades de LA. É introduzido o sistema de validação de métodos no LT.

A análise dos documentos normativos mostrou que, em comparação com a norma DSTU 3412-96, os requisitos dos protocolos diferem na DSTU ISO / IEC 17025.

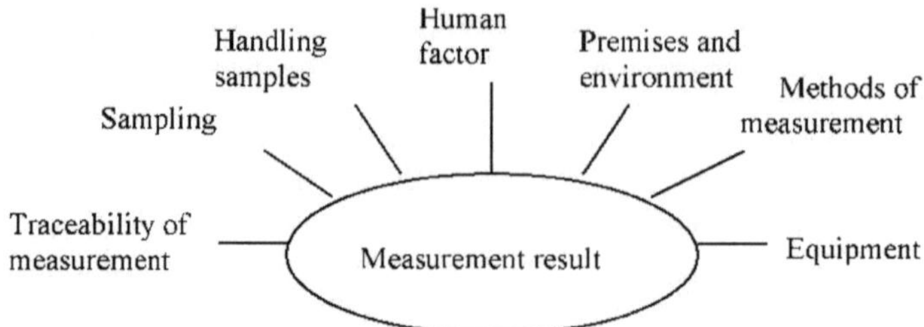

Fig. 2. Factores que influenciam o resultado da medição.

Assim, o protocolo pode conter os pareceres e as interpretações dos resultados dos ensaios associados aos resultados recebidos, que não se reflectem na ordem de ensaio, mas que considera significativos e que podem ser perdidos na gestão posterior da amostra ensaiada ou de uma parte do projeto.

Em caso de violação do ensaio, a pessoa responsável do laboratório pode decidir prolongar ou terminar o ensaio, aceitar ou recusar os resultados do ensaio (efetuar uma análise de risco e avaliar o grau de risco). No entanto, os dados sobre todos os desvios do processo de ensaio, as decisões tomadas e os nomes das pessoas responsáveis, as autorizações de atribuição devem ser documentados, assinados e aprovados. Esta informação documentada pode ser utilizada para reexaminar o risco do ensaio e a qualidade da construção.

Outro método de medição são as auditorias. Os principais riscos que podem ser inerentes às auditorias são a falta de competência do pessoal de inspeção num determinado domínio (incluindo nos métodos de realização de END para a produção de soldadura), a subjetividade da avaliação, a seletividade dos objectos de verificação. A realização da auditoria é também um trabalho personalizado, pelo que o desenvolvimento da metodologia para as auditorias prestou sempre grande atenção tanto à organização internacional de normalização ISO (evolução das normas da série anterior ISO 10011 para a ISO 19011, publicação de novas edições da ISO/IEC 17021) como diretamente às empresas. O método de auditoria interna de uma empresa, que tem em conta as suas especificidades, é obrigatório para a implementação no âmbito do sistema de gestão da qualidade.

Assim, as auditorias e os ensaios com controlo destrutivo e os métodos do NDT, etc. sobre o risco têm uma dupla propriedade: por um lado, envolvem incertezas e riscos associados; por outro, são métodos de medição que podem ser utilizados para identificar formas de melhorar o sistema e reduzir os riscos. O aumento da fiabilidade dos métodos de medição em comparação com a sua execução anterior pode revelar um recurso de melhoria que era desconhecido até à data e reduzir o nível de risco atualmente aceitável para a organização e melhorar a qualidade do produto como um todo (por exemplo, sistema 6a) [35],

No decurso da realização de inquéritos sobre as capacidades técnicas das organizações que realizam trabalhos de soldadura e controlo por especialistas do Instituto de Soldadura Eléctrica E.O. Paton, foram realizadas auditorias de produção sobre a implementação de processos de soldadura (Fig. 3). Entre eles: Ns 1 - a empresa que produz construções de edifícios; Ns 2 - a empresa que produz equipamentos de energia; Ns 3 - unidade de reparação de CHPP; Ns 4 - a empresa que realiza a instalação de construções de construção de pontes; N° 5 - unidade de reparação da fábrica de produtos químicos; Ns 6 - fábrica de reparação da fábrica de enriquecimento; JV" 7 - unidade de reparação da fábrica de produtos químicos; Ns 8 - a empresa de redes térmicas; Ns 9 - a empresa que produz caldeiras de aquecimento de vapor e água. A metodologia de auditoria foi efectuada em conformidade com a norma DSTU 3957, tendo em conta os requisitos da norma ISO 9001. Foram avaliados os seguintes elementos do sistema de qualidade da produção: a documentação, incluindo o desenvolvimento da documentação normativa, de conceção e tecnológica (WPS) da empresa; formação e certificação do pessoal; gestão do equipamento; execução dos processos de produção e execução da soldadura; organização do sistema de controlo e ensaio. Os requisitos para os indicadores de processo foram determinados pela ISO 3834, DSTU 3951.3, ISO14731, ISO 15614, especificações técnicas para o fabrico e funcionamento (como parte de reparações) de tipos específicos de construções.

Para estudar os resultados das auditorias (requisitos da norma ISO/IEC 17021) foi proposta uma classificação de inconsistências (ranking): grande - sistema de incumprimento repetido que reduz os elementos da linha em 50%; média - repetitivo não sistemático em 15%; discrepância única (observação), em 5%.O. Paton Electric Welding Institute, que foi concebido para programas específicos (incluindo especificações técnicas para produtos), foram realizados ensaios não destrutivos complexos e devastadores. Para cada fábrica foi calculado o rácio entre as ligações inadequadas (defeituosas) recebidas e o número total de amostras testadas pela empresa, ou - o valor das potenciais inconsistências que se correlacionam com o risco.

Nas fontes literárias, a dependência do nível de risco em relação aos factores que o influenciam, recomenda que se conte como funções totais da influência do i-ésimo fator

$$R = b_0 + \sum_{i=1}^{k} f_i^{Li}(x_1, x_2, \ldots, x_m), \qquad (1)$$

em que b0 é o nível inicial de risco, que não depende da função de regressão; f_i é uma função da influência do i-ésimo fator; k - número de funções; L_i - grau da função.

Estudos demonstraram que, na ausência de um grande conjunto de dados estatísticos, recomenda-se que cada fator de risco seja avaliado num sistema de avaliações de bola [6]. Se a influência de cada um dos factores acima referidos for tomada como uma unidade, então é aconselhável construir um gráfico (Figura 3) da probabilidade de ligações defeituosas na parte testada da empresa (risco R_i), dependendo do nível global do sistema de gestão (o indicador médio da correspondência de todos os elementos do sistema nesta empresa). Analisando o diagrama, verifica-se que, quando o nível de conformidade dos elementos do sistema diminui 20%, começa uma diminuição acentuada da qualidade do produto acabado e, ao nível de conformidade dos elementos 50% com os requisitos dos documentos normativos, a qualidade dos compostos soldados cai para 0 e o risco aumenta para 1, apesar de a empresa possuir todos os principais recursos técnicos.

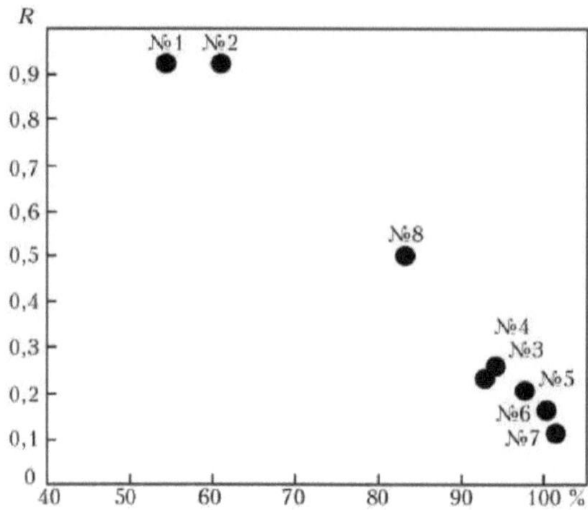

Fig. 3. O resultado da análise do estado da produção de soldadura de acordo com o DSTU 3957; R - a probabilidade de falta de uma parte (risco).

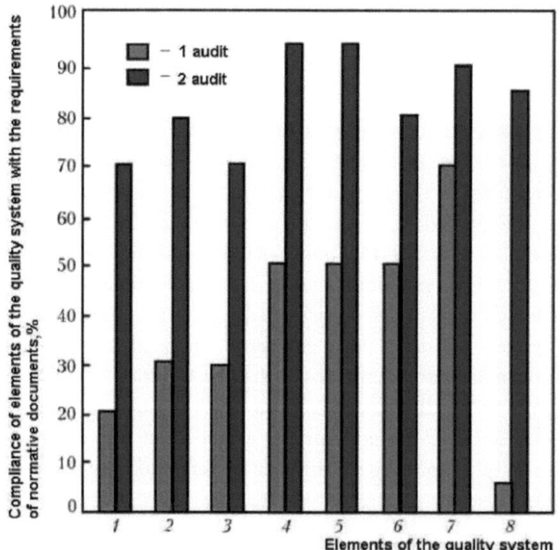

Fig. 4. Resultados da primeira e segunda inspeção dos elementos do sistema de qualidade para a conformidade com os requisitos (DSTU 3957) da empresa que produz construções de edifícios: 1 - documentação; 2 - gestão dos processos de produção; 3 - controlo e ensaios; 4 - equipamento de produção; 5 - acções corretivas; 6 - formação do pessoal; 7 - gestão do ambiente; 8 - conformidade das juntas soldadas com os requisitos dos documentos normativos.

Como resultado do levantamento do estado das empresas de soldadura pelo grupo de especialistas do E.O. Paton Electric Welding Institute, foram analisadas as razões e avaliadas as possíveis consequências das inconsistências no funcionamento dos processos. Com base nos resultados da análise, foram desenvolvidas acções corretivas e, em algumas empresas, programas de qualidade a longo prazo. As acções corretivas do sistema de qualidade das empresas de soldadura diziam respeito ao aperfeiçoamento da documentação tecnológica e da documentação do sistema de gestão, à formação do pessoal, à certificação da tecnologia de soldadura, à organização do apoio metrológico e às actividades do laboratório de ensaios. O histograma (Figura 4) mostra o estado dos elementos do sistema de controlo de acordo com os resultados do inquérito em conformidade com a DSTU 3957 da empresa que produz construções de edifícios. O intervalo de tempo entre as auditorias foi de aproximadamente dois anos. A eficácia da realização dos objectivos no domínio da qualidade foi avaliada com base em testes no laboratório de testes acreditado do The E.O. Paton Electric Welding Institute. Testes repetidos por métodos NDT e testes destrutivos de controlo mostraram que 85% dos compostos do lote cumpriam os requisitos dos documentos normativos. Foram tomadas outras medidas para melhorar a qualidade da produção na empresa.

A fig. 5 mostra um aumento da qualidade da produção de soldadura através do exemplo da percentagem de compostos de controlo correspondentes ao número total no lote de ligações das empresas n.º 1, n.º 3 e n.º 9 que foram selecionadas durante a primeira auditoria e as subsequentes após acções corretivas e medidas para melhorar a qualidade.

As medidas para melhorar a produção de soldadura foram levadas a cabo à custa dos recursos da empresa, muitas vezes sem a participação de fundos significativos.

Como se pode ver nos diagramas, ao realizar auditorias e testes de controlo nas empresas pela primeira vez, a equipa de auditoria deparou-se com um nível criticamente baixo de qualidade do produto. Os especialistas das empresas não assumiram que estavam a cometer uma falha. As acções corretivas incluíram: desenvolvimento e aperfeiçoamento de instruções tecnológicas para a soldadura; equipamento adicional com os meios necessários de equipamento de medição, controlo reforçado sobre o armazenamento e a preparação adequados do material do elétrodo, identificação do material principal e de soldadura durante a transferência para a produção de nós; realização da documentação necessária para a soldadura (revista de soldadura ou de reparação), observância e controlo dos fios dos modos de soldadura, controlo interno periódico do pessoal certificado para a soldadura e END. As empresas não tinham o âmbito completo do controlo exigido pelos documentos normativos (por exemplo, para as estruturas de construção em aço, resistência ao impacto a uma temperatura negativa), a sua periodicidade ou a qualidade do trabalho foi violada (por exemplo, foram utilizadas normas de menor sensibilidade para o controlo radiográfico). Todas estas discrepâncias foram eliminadas.

De acordo com a atividade da empresa JV" 1, N2 3, JV" 9, eles emitem construções soldadas responsáveis. Naturalmente, neste caso, todas as juntas soldadas devem estar em conformidade com os documentos normativos. Para componentes específicos de estruturas soldadas, os defeitos detectados durante o NDT devem estar dentro do nível aceitável de acordo com a ISO 5817: 2014 (conforme definido pelas especificações técnicas para o projeto). a magnitude do risco de uma falta deve teoricamente se aproximar de zero.

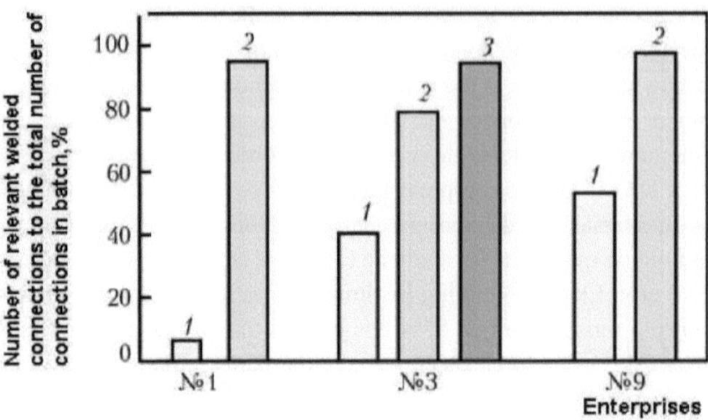

Fig. 5. Aumentar o nível de conformidade de um lote de juntas soldadas de controlo com os requisitos especificados nos documentos normativos após a introdução de acções corretivas com base nos resultados do inquérito. 1 - 3 - Números de série das auditorias. A duração do intervalo entre auditorias é de cerca de 2 anos.

No entanto, este conceito não é adequado às leis da tecnosfera e é impossível garantir um risco zero nos sistemas tecnológicos em funcionamento. Mesmo após o manuseamento, existe um risco residual. A impossibilidade de alcançar a segurança industrial leva à introdução do conceito de risco socialmente aceitável (aceitável). Este determina o estado de segurança, que pode ser alcançado por considerações técnicas e económicas na fase atual da ciência e da tecnologia. Ao explorar objectos de alto risco, o indicador-alvo do risco individual de um trabalhador deve aproximar-se do nível de risco na vida normal de uma pessoa devido aos efeitos de factores naturais.

Como foi determinado, a monitorização e a medição dos processos do sistema de gestão na empresa de soldadura, o controlo dos produtos (em particular, os métodos do NDT) durante o ciclo de vida, a identificação e a análise de risco dão uma oportunidade para identificar áreas de melhoria da produção, a fim de melhorar a qualidade das estruturas soldadas (Figura 6).

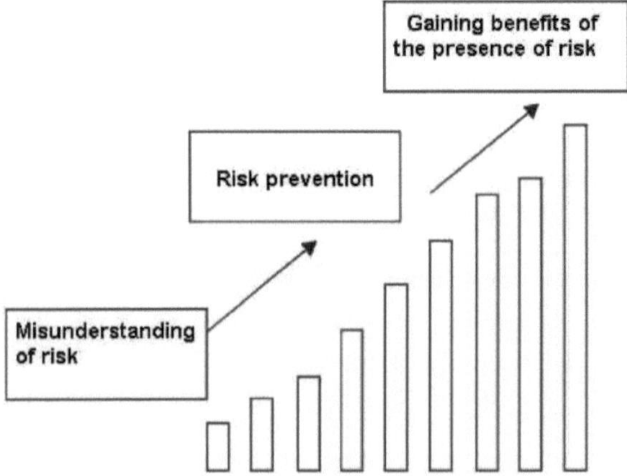

Fig. 6. Níveis de desenvolvimento da cultura de gestão do risco.

Conclusões

1. A análise e a investigação do sistema de gestão da qualidade mostraram que a implementação do sistema de garantia da qualidade na empresa de soldadura com base na norma DSTU ISO 9001:2015 e nas normas internacionais de soldadura reduz significativamente o risco de funcionamento da estrutura soldada.

2. A aplicação do sistema de monitorização do estado dos processos tecnológicos e a medição dos indicadores de qualidade permitem obter informações sobre o risco na produção e funcionamento da estrutura soldada e determinar as possibilidades de melhorar a produção de soldadura.

3. Para garantir a qualidade do aço soldado, é necessária a certificação da tecnologia de soldadura de acordo com a norma DSTU ISO 15610 - DSTU ISO 15614, a implementação do sistema de controlo de acordo com a norma DSTU 9001: 2015, o controlo de produção e a conformidade das estruturas soldadas de acordo com a norma DSTU B EN 1090, bem como a certificação do pessoal: de soldadura de acordo com a norma DSTU ISO 9606, DSTU ISO 14732 e outras. e defectoscopistas com NDT de acordo com a norma DSTU ISO EN 9712.

Lista de referências

1. Norma ISO 9001:2015.
2. LI. Chayka "Norma ISO 9001:2015. O que é que nos espera?". Revista "Normas e Qualidade", 2014, JV "6.
3. D.M. Hay Hampton "Passo em frente com a ISO 9001: 2015". http://www.klubok.net/article2722.html
4. Potap'yevskiy A., Bondarenko Yu., Loginova Yu., Artyuh K. Gestão tecnológica da qualidade e propriedades de exploração de produtos na produção de soldadura. Revista "Diagnóstico técnico e ensaios não destrutivos", 2016, NM, p. 56-61.
5. Bondarenko Yu., Bilokur I., Medvedeva N. "Diagnóstico e monitorização do estado técnico dos tubos soldados para avaliar a conformidade regulamentar". Actas da 15.ª Conferência Internacional Científica e Prática "Qualidade, normalização, controlo, teoria e prática", Odessa, 2016, p.19-28.
6. DSTU ISO 2553:2014 Soldadura e processos afins. Representação simbólica em desenhos. Juntas soldadas.
7. DSTU ISO 4063:2014 Soldadura e processos afins. Nomenclatura de processos e números de referência.
8. DSTU ISO 5817:2014 Soldadura. Juntas soldadas por fusão em aço, níquel, titânio e suas ligas (excluindo soldadura por feixe). Níveis de qualidade para imperfeições.
9. DSTU ISO 6947:2014 Soldadura e processos afins. Posições de soldadura
10. DSTU ISO 9606:2014 Ensaios de qualificação de soldadores. Soldadura por fusão. Parte 1: Aços
11. HIIAOn 28.52-1.31-13 Regras de proteção do trabalho durante a soldadura de metais.
12. Potap'yevskiy A., Bondarenko Yu. Monitorização do risco de formação de defeitos de juntas soldadas durante a reparação e instalação por soldadura com um elétrodo de fusão em gases protectores // Materiais da 7ª Conferência Científica e Técnica Internacional - Ivano-Frankivsk - 2014, p.38-42.
13. Bondarenko Yu, Artyuh K., Loginova Yu. Problemas de desenvolvimento do sistema de gestão da produção de construção por soldadura (revisão)// Materiais da 15ª Conferência Internacional Científica e Prática "Qualidade, Normalização, Controlo, Teoria e

Prática", Odessa, 2015, p.17-22.

14. Lei da Ucrânia "Sobre as competências científicas e técnicas" Kiev, 10 de fevereiro de 1995, n.º 51/95-BP

15. Lei da Ucrânia "Sobre a responsabilidade por danos causados por defeitos em produtos" Kiev, 19 de maio de 2011, N "3390-VI.

16. Krukon N., Shadrin A. Risk Management as a Tool for Continuous Improvement. // Normas e Qualidade - 2006-No2 - p.74-77.

17. Bondarenko Yu, Loginova Yu, Artyuh K. Problemas de melhoria da qualidade do desempenho dos serviços técnicos durante a instalação e o diagnóstico na engenharia de energia com o objetivo de garantir a segurança das estruturas soldadas (Visão geral).// Conferência internacional. Soldadura e tecnologias conexas - Presente e futuro, Kiev, 2013, p. 201.

18. Bondarenko Yu, Artyuh K. Diagnóstico técnico e monitorização do estado de produção para avaliar a conformidade das estruturas soldadas com os documentos normativos após uma operação a longo prazo (Revisão) / 21.ª Conferência Internacional "Métodos e meios modernos de NDT e TD", 2013, p.13-19.

19. Projeto "Medidas adicionais para implementar o Programa de Apoio à Política Sectorial" Promoção do comércio mútuo através da eliminação das barreiras técnicas ao comércio entre a Ucrânia e a União Europeia "/ Ministério do Desenvolvimento Económico e do Comércio da Ucrânia. Folhetos. Leis da Ucrânia sobre metrologia e atividade metrológica. Sobre a normalização. - Kyiv 2014 - 51 p.

20. Bondarenko Yu., Prytula N. Diagnóstico e monitorização do estado técnico de condutas soldadas para avaliar a conformidade com os documentos regulamentares após um longo período de operação (Visão geral) // Materiais do seminário "Métodos e meios de diagnóstico e controlo do estado técnico de condutas de diferentes diâmetros" - Kyiv 2013 - p. 87-96.

21. Bondarenko Yu, Loginova Yu, Gaydai S. Sobre a questão da implementação de um sistema de gestão da qualidade para a produção de estruturas soldadas com base na DSTU ISO 9001:2009 (Revisão) // Materiais do seminário "Métodos e meios de diagnóstico e controlo do estado técnico de condutas de diferentes diâmetros" - Kyiv. 2011, p. 147.

22. Bondarenko Yu, Loginova Yu. Problemas de motivação do pessoal de NDT e TD na indústria de soldadura (Visão geral). // Materiais da 19ª Conferência Internacional "Métodos e meios modernos de ensaios não destrutivos e diagnósticos técnicos", 2011, p. 39-43.

23. Ensaios não destrutivos na Ucrânia: Manual / Ed. V. Troitsky e Yu. Posypayko. - Kiev: Instituto de Soldadura Eléctrica E.O. Paton, 2012. - 144 p.

24. Guia ISO 73: 2009 Gestão de Riscos. Glossário de termos.

25. Potap'yevskiy A.G., Bondarenko Yu.K., Loginova Yu.V., Artyuh K.O. (2016) Gestão tecnológica da qualidade e das propriedades operacionais dos produtos na indústria da soldadura. Diagnóstico técnico e ensaios não destrutivos, 4, 56-61.

26. DSTU ISO 31000: 2014 (ISO 31000: 2009, IDT) Gestão de riscos. Princípios e diretrizes.

27. DSTU IEC / ISO 31010: 2013 (IEC / ISO 31010: 2009, IDT). Gestão de riscos. Métodos de avaliação geral dos riscos.

28. Resolução CMU n.º 95, de 13 de janeiro de 2016, "Aprovação dos módulos de avaliação da conformidade utilizados para desenvolver procedimentos de avaliação da conformidade e regras de utilização dos módulos de avaliação da conformidade".

29. Whitkin L., Lapachev S. (2007) como determinar o grau de perigo do produto. Normalização, certificação, qualidade, 3, 48-54.

30. DSTU EN ISO 9712: 2014 (EN ISO 9712: 2012, IDT) Ensaios não destrutivos. Qualificação e certificação de pessoal de ensaios não destrutivos.

31. Kaplan R.S., Norton D.P. (2003) Balanced Scorecard. Da estratégia à ação. Moscovo, "Olimp-business" CJSC.

32. DSTU ISO / IEC 17025: 2006. Requisitos gerais para a competência dos laboratórios de ensaio e calibração.

33. DSTU-N RMG 43: 2006. Metrologia. Aplicação do "Guia para a expressão da incerteza de medição".

34. Relatório Técnico EUROLAB 1/2006. "Guide to the Evaluation of Measurement Uncertainty for Quantitative Test Results" (Guia para a avaliação da incerteza de medição de resultados de ensaios quantitativos). www.eurolab.org.

35. Watson G. (2006) The Six Sigma Methodology for Leaders, or How to Achieve 3.4 Defects Per Million Capabilities; per. do inglês AL Raskin, Yu.P. Adler (ed.). Apêndice à revista "Standards and Quality". Moscovo, RIA.

MIX
Papier aus verantwortungsvollen Quellen
Paper from responsible sources
FSC® C105338

Printed by Books on Demand GmbH, Norderstedt / Germany